U0150083

仿生设计学概论

田丽梅　主编

科学出版社

北　京

内 容 简 介

本书系统地阐述了仿生设计学的基本理论与方法。主要内容包括：仿生设计学的内涵、仿生设计学的特点、仿生设计学研究方法与步骤、仿生信息获取手段、仿生信息的处理方法、材料仿生设计、仿生机械设计等。书中附有多项仿生学最新研究成果实例。

本书既可作为高等院校仿生科学与工程、机械工程或材料工程类专业本科生和研究生的教材或教学参考书，亦可供从事机械与材料设计、制造、实验、研究等领域的专业技术人员使用及参考。

图书在版编目（CIP）数据

仿生设计学概论/田丽梅主编. —北京：科学出版社，2021.3
ISBN 978-7-03-068457-8

Ⅰ.①仿… Ⅱ.①田… Ⅲ.①仿生－设计－概论 Ⅳ.①TB47

中国版本图书馆 CIP 数据核字（2021）第 050253 号

责任编辑：王 静 李 悦 赵小林 / 责任校对：郑金红
责任印制：赵 博 / 封面设计：刘新新

科 学 出 版 社 出版
北京东黄城根北街 16 号
邮政编码：100717
http://www.sciencep.com
北京天宇星印刷厂印刷

科学出版社发行 各地新华书店经销

*

2021 年 3 月第 一 版 开本：720×1000 1/16
2024 年 9 月第三次印刷 印张：9
字数：179 000
定价：**98.00 元**
（如有印装质量问题，我社负责调换）

《仿生设计学概论》编委会

主　编　田丽梅

编　委　李秀娟　孙霁宇　赵佳乐

前　　言

随着新一轮工业技术革命的到来，全球制造业竞争空前激烈，我国制造业急需向创新驱动、质量竞争与绿色制造方向转变。仿生设计是一门典型的交叉学科，其通过多学科交叉融合，对自然界生物的精细结构、成形过程与优异功能进行模仿、利用，突破原有设计理念，再现生物优异性能和特异功能，进而在关键核心技术领域产生颠覆性的技术变革，为我国制造业升级提供强大助力！仿生设计现已被中国、美国、德国、日本等列为国家重点发展战略技术之一，可见其与当今世界的前沿科技发展需求高度契合。

吉林大学仿生科学与工程团队是我国仿生学领域的先行者，创建了我国首个仿生科学与工程一级学科，以及本、硕、博、博后一体化培养体系。在长期的仿生学相关领域的教学与科研工作中，团队深切地感受到要想加速我国仿生学发展，完善仿生学人才培养模式，亟须开展仿生学设计理论体系的构建工作。仿生设计测试方法、仿生信息处理方法、材料仿生设计学与仿生机械设计等共同构成了仿生设计学的主要内容，涵盖了机械设计、先进制造、医疗康复等重点领域中的前沿技术与设计理念。

本书是作者及撰写团队在 20 余年仿生学教学与科研经验基础之上总结、凝练、补充、修改而成的，特别感谢任露泉院士对第五章仿生机械设计在构思方面给予的指导，感谢张俊秋教授、张成春教授、呼咏教授提供的部分相关资料。

本书既可作为高等院校仿生科学与工程、机械工程或材料工程类专业本科生和研究生的教材或教学参考书，亦可供从事机械与材料设计、制造、实验、研究等领域的专业技术人员使用及参考。

由于本书执笔人的水平、经验所限，未能全面展现吉林大学仿生科学与工程团队 40 年来在国际仿生学学术前沿、面向国家重大需求的工作经验与研究成果。书中难免有不足之处，热忱欢迎广大读者批评指正。

田丽梅

2021 年 1 月 1 日

目　　录

第1章 仿生设计学基本概述

自古以来，自然界就是人类各种科学技术原理及重大发明的源泉。生物界中生存着种类繁多的动植物，它们在漫长的进化过程中，为了求得生存与发展，逐渐具备了适应自然界变化的本领。人类生活在自然界中，与周围的生物作"邻居"，这些生物各种各样的奇异本领，吸引着人们运用其观察、思维和设计能力，开始了对生物的模仿，并通过创造性的劳动，制造出简单的工具，增强了自己与自然界斗争的本领和生存的能力，这种不断模仿设计的行为，在现代社会催生出了一门学科——仿生设计学。仿生设计学的内涵及研究内容涉及广泛，近年来在自然科学、建筑学、经济学、社会学等方面相关的研究成果层出不穷。仿生设计学是仿生学研究的一个分支，那么什么是仿生设计学？仿生设计学涉及的研究内容有哪些？本章将一一解答。

1.1 仿生设计学的内涵

1.1.1 仿生学含义

人类在漫长的岁月里，不断地观察自然界，研究和模仿各种生物，发明创造各种工具和机器，由简单到复杂，由粗糙到精细，以适应生存环境和满足生存发展的需求。自 20 世纪 50 年代以来，人们已经认识到学习和模拟生物是开辟新技术的重要创新途径之一，许多工程技术人员和科研人员主动地向生物界去寻求新的设计思想和原理。于是，生命科学和工程技术科学结合在一起，互相渗透，孕育出一门新的科学——仿生学[1]。

1960 年，美国 J. E. Steele 博士在美国第一届仿生学术会议上，把仿生学定义为模仿生物原理来建造技术系统，或者是人造技术系统使其具有类似于生物特征的科学[2]，目的是学习生物各种各样的能力，研究它们的机理，作为进行技术设计的一条途径以改善现有的或创造新型的工艺过程、仪器设备、机械系统、建筑结构等。

仿生学研究内容非常宽泛，包括化学仿生、医学仿生、力学仿生、信息仿生、控制仿生等，此外，我们也从仿生学中得以启示，将其应用于药学研究中。

1.1.2 设计学含义

设计是一种把计划、规划、设想通过视觉的形式传达出来的活动过程。人类通过劳动改造世界、创造文明、创造物质财富和精神财富,而最基础、最主要的创造活动是造物,设计便是进行造物活动预先的计划,我们可以把任何造物活动的计划技术和计划过程理解为设计。设计学则是一门理、工、文相结合,融机电工程、艺术学、人机工效学和计算机辅助设计于一体的科技与艺术相融合的新型交叉学科[3]。

1.1.3 仿生设计学含义

现代仿生设计学与旧有的仿生学成果应用不同,它是以自然界万事万物的"形"、"色"、"音"、"功能"、"结构"等为研究对象,有选择地在设计过程中应用这些特征原理进行的设计,同时结合仿生学的研究成果,为设计提供新的思想、新的原理、新的方法和新的途径。在某种意义上,仿生设计学可以说是仿生学的延续和发展,是仿生学研究成果在人类生存方式中的反映。仿生设计学作为人类社会生产活动与自然界的契合点,使人类社会与自然达到了高度的统一,正逐渐成为设计发展过程中新的亮点[4]。

仿生设计学,亦可称为设计仿生学(design bionics)。它是在仿生学和设计学的基础上发展起来的一门新兴边缘学科,是通过模拟生物系统的某些原理,以模拟的形式,整理、分析、提炼,并构思设计出具有类似于生物系统某些特征的一种新的设计思维方法。

仿生设计学主要涉及数学、生物学、电子学、物理学、控制论、信息论、人机学、心理学、材料学、机械学、动力学、工程学、经济学、色彩学、美学、传播学、伦理学等相关学科。仿生设计学研究范围非常广泛,研究内容丰富多彩,特别是由于仿生学和设计学涉及自然科学和社会科学的许多学科,因此很难对仿生设计学的研究内容进行划分[5]。

1.2 仿生设计学起源与研究发展

1.2.1 仿生设计学起源

人类最初使用的工具——木棒、石斧、骨针……所有这些工具的创造、生活方式的选择都不是人类凭空想象出来的,而是对自然中存在的物质及某种构成方式的直接模拟,是人类初级创造阶段,也可以说是仿生设计的起源和雏形。它们虽然是粗糙的、表面的，但却是今天仿生设计学得以发展的基础。

在我国，早就有着模仿生物的事例。车和船的发明就是这样的例子，我国古书中记载：古人因"见飞蓬转，而知为车"（《淮南子》），"观落叶浮，因以为舟"（《世本》）。"飞蓬"是一种草，叶散生，遭大风辄被拔起，旋转如轮状，我们的祖先因此受到启发而发明了车轮和车子。古人见到落叶浮在水面上，联想到让木头浮在水上以载人，发明了船。春秋战国时期，鲁国人墨翟作木鸢，费时三年，一日而败，这款木鸢被认为是我国最早出现的风筝，此后风筝逐渐被应用于军事中以传递军事情报。鲁国匠人鲁班，依据飞鸟设计并制作能飞的木鸟；从一种划破皮肤的带齿的草叶得到启示，设计并发明了锯子。西汉时期，有人用鸟的羽毛做成翅膀，从高台上飞下来，企图模仿鸟的飞行；据《杜阳杂编》记载，唐朝韩志和"善雕木作鸾、鹤、鸦、鹊之状，饮啄动静，与真无异，以关戾置于腹内，发之则凌云奋飞，可高三尺，至一二百步外方始却下"；明代发明的一种火箭武器"神火飞鸦"，也反映了人们向鸟类借鉴的愿望[4,5]。以上几例，是最早的仿生设计活动。

中国古代劳动人民对水生动物——鱼类的模仿也卓有成效。通过模仿水中生活的鱼类，古人伐木凿船，用木材做成鱼形的船体，仿照鱼的胸鳍和尾鳍制成双桨和单橹，取得了水上运输的自由。后来随制作水平提高而出现的龙船，多少受到了不少动物外形的影响。古代水战中使用的火箭武器"火龙出水"，也有点模仿动物的意思。以上事例反应了中国古代劳动人民早期的仿生设计活动，为促进我国光辉灿烂的古代文明的发展，创造了非凡的业绩。

外国的文明史上，大致也经历了相似的过程。在包含了丰富生产知识的古希腊神话中，有人用羽毛和蜡做成翅膀，逃出迷宫；还有泰尔发明了锯子，传说这是从鱼背骨和蛇腭骨的形状受到启示而创造出来的。15 世纪时，德国的天文学家米勒制造了一只铁苍蝇和一只机械鹰，并进行了飞行表演。

1800 年左右，英国科学家、空气动力学的创始人之一——凯利，模仿鳟鱼和山鹬的纺锤形，找到了阻力小的流线形结构。凯利还模仿鸟翅设计了一种机翼曲线，对航空技术的诞生起到了很大的促进作用。同一时期，法国生理学家马雷，对鸟的飞行进行了仔细的研究，在他的著作《动物的机器》一书中，介绍了鸟类的体重与翅膀面积的关系。德国人亥姆霍兹也在研究飞行动物的过程中，发现飞行动物的体重与身体的线度的立方成正比，亥姆霍兹的研究指出了飞行物体身体大小的局限性。人们通过对鸟类飞行器官的详细研究和认真模仿，根据鸟类飞行结构的原理，终于制造出能够载人飞行的滑翔机。

后来，设计师又根据鹤的体态设计出了掘土机的悬臂。在第一次世界大战期间，人们从毒气战幸存的野猪身上获得启示，模仿野猪的鼻子设计出了防毒面具。

在海洋中浮沉灵活的潜水艇又是运用了哪些原理呢？虽然我们无据考察潜艇设计师在设计潜艇时是否考察了生物界，但是不难猜测，设计师一定懂得鱼鳔是鱼类用来改变身体与水的比重，使之能在水中沉浮的重要器官。青蛙是水陆两栖动物，体育工作者就是认真研究了青蛙在水中的运动姿势，总结出一套既省力又快速的游泳动作——蛙泳。另外，为潜水员制作的蹼，几乎完全按照青蛙的后肢形状做成，这大大提高了潜水员在水中的活动能力[5]。

1.2.2 仿生设计学研究进展

到了近代，生物学、电子学、动力学等学科的发展亦促进了仿生设计学的发展。

以飞机的产生为例。在经过无数次模仿鸟类的飞行失败后，人们通过不懈努力，终于找到了鸟类能够飞行的原因：鸟的翅膀上弯下平，飞行时，上面的气流比下面的快，由此下面形成的压力比上面的大，于是翅膀就产生了垂直向上的升力，飞得越快，升力越大。

1852 年，法国人季法儿发明了气球飞船。1870 年，德国人奥托·利连塔尔制造了第一架滑翔机，1891 年，他开始研制一种弧形肋状蝙蝠翅膀式的单翼滑翔机，自己还进行试飞；此后 5 年，他进行了 2000 多次滑翔飞行，并同鸟类进行了对比研究，提供了很有价值的资料。资料证明：气流流经机翼上部曲面所走路程，比气流流经机翼下平直表面距离长，因而也较快，这样才能保证气流在机翼的后缘点汇合；上部气流由于流动得较快，较为稀薄，从而能够产生强大吸力，约占机翼升力的 2/3；其余的升力来自翼下气流对机翼的压力。

19 世纪末，内燃机的出现，给了人类一直梦寐以求的东西：翅膀。虽然这种翅膀是笨拙的、原始的和不可靠的，但这却是使人类能随风伴鸟一起飞翔的翅膀。

莱特兄弟发明了真正意义上的飞机。在飞机的设计制作过程中，怎样使飞机拐弯和使它稳定一直困扰着他们。为此，莱特兄弟又研究了鸟的飞行。例如，他们研究鹡鸰是怎样使一只翅膀下落，并靠转动这只下落的翅膀来保持平衡的；这只翅膀上增大的压力又是怎样使鹡鸰保持稳定和平衡的。他们给滑翔机装上翼梢副翼来进行这些实验，由地面上的人用绳控制，使之能转动或弯翘。他们第二个成功的实验是通过操纵飞机后部一个可转动的方向舵来控制飞机的方向，使飞机向左或向右转弯。

后来，随着技术的不断发展，飞机逐渐摆脱了原来那些笨重而难看的体形，变得更简单、更实用。机身和单曲面机翼都呈现出像海贝、鱼和受波浪冲洗的石头所具有的自然线条形，从而使飞机的运行效率得以提升，比以前飞得更快，飞得更高。到了现代，科学技术发展迅速，但环境破坏、生态失衡、能源枯竭的现象也不断出现。人类意识到了重新认识自然、探讨与自然更加和谐的生存方式的高度紧迫感，亦认识到仿生设计学对人类未来发展的重要性。1960 年秋，在美国俄亥俄州召开了第一次仿生学术会议，这标志着仿生学的正式诞生。

此后，仿生技术获得了飞跃式的发展及广泛的应用。仿生设计亦随之获得突飞猛进的发展，一大批仿生设计作品如智能机器人、雷达、声呐、人工脏器、自动控制器、自动导航器等应运而生。

近代，科学家根据青蛙眼睛的特殊构造研制了电子蛙眼，用于监视飞机的起落和跟踪人造卫星；根据空气动力学原理仿照鸭子头的形状而设计了高速列车；模仿某些鱼类喜欢的声音设计了诱捕鱼的电子诱鱼器；通过对萤火虫和海蝇发光原理的研究，获得了化学能转化为光能的新方法，从而研制出化学荧光灯等。

目前，仿生设计学在对生物体几何尺寸及其外形模仿的同时，还通过研究生物系统的结构、功能、能量转换、信息传递等各种优异特征，把它运用到技术系统中，改善了已有的工程设备，并创造出新的工艺、自动化装置、特种技术元件等技术系统；同时仿生设计学为创造新的科学技术装备、建筑结构和新工艺提供了原理、设计思想或规划蓝图，亦为现代设计的发展提供了新的方向，并充当了人类社会与自然界沟通信息的"纽带"。

通过对人脑的探索，可以展望未来的电子计算机具有生物原理的功能。同它相比，现在的电子计算机只能作为算盘。对植物光合作用的研究，将为延长人类的寿命、治疗疾病提供一个崭新的医学发展途径。对生物体结构和形态的研究，有可能使未来的建筑、产品改变模样，使人们从"城市"这个人造物理环境中重新回归"自然"。

信天翁是一种海鸟，它具有淡化海水的器官——"去盐器"。对其"去盐器"的结构及其工作原理的研究，可以启发人们去改善旧的或创造出新的海水淡化装置。白蚁能把吃下去的木质转化为脂肪和蛋白质，对其机理的研究，将会对人工合成这些物质有所启发。

同时仿生设计亦可对人类的生命和健康产生巨大的影响。例如，人们可以通过仿生技术，设计制造出人造器官，如血管、肾、骨膜、关节、食道、气管、尿道、心脏、肝脏、血液、子宫、肺、胰、眼、耳及人工细胞。专家曾预测，未来除脑以外，人体的所有器官都可以用人工器官代替。例如，模拟血液的功能，制成可以制造、传递养料及废物，并能与氧气及二氧化碳自动结合且分离的液态碳氢化合物人工血；模拟肾功能，用多孔纤维增透膜制成血液过滤器，也就是人工肾；模拟肝脏功能，根据活性炭或离子交换树脂吸附过滤有毒物质，制成人工肝解毒器；模拟心脏功能，用血液和单向导通驱动装置，组成人工心脏自动循环器[4,5]。

对宇宙的开发、认识，不但能让人类认识宇宙中新形式的生命，而且将为人类提供崭新的设计，创造出地球上前所未有的产品。

1.3 仿生设计学的内容

仿生设计学是仿生学与设计学互相交叉渗透而结合形成的一门边缘学科，其研究范围非常广泛，研究内容丰富多彩，特别是由于仿生学和设计学涉及自然科学和社会科学的许多学科，因此很难对仿生设计学的研究内容进行划分。这里，我们是基于对所模拟生物系统在设计中的不同应用而分门别类的。归纳起来，仿生设计学的研究内容主要有如下几方面。

（1）形态仿生设计学研究的是生物体（包括动物、植物、微生物、人类）和自然界物质（如日、月、风、云、山、川、雷、电等）存在的外部形态及其象征寓意，以及如何通过相应的艺术处理手法将之应用于设计之中。

（2）功能仿生设计学主要研究生物体和自然界物质存在的功能原理，并用这些原理去改进现有的或建造新的技术系统，以促进产品的更新换代或新产品的开发。

（3）视觉仿生设计学研究生物体的视觉器官对图像的识别、对视觉信号的分析与处理，以及相应的视觉流程；它广泛应用于产品设计、视觉传达设计和环境设计之中。

（4）结构仿生设计学主要研究生物体和自然界物质内部结构原理在设计中的应用问题，适用于产品设计和建筑设计。研究最多的是植物的茎、叶及动物形体、肌肉、骨骼的结构。

从国内外仿生设计学的发展情况来看，形态仿生设计学和功能仿生设计学是目前研究的重点。本书将着重介绍形态仿生学和功能仿生设计学的一些情况。

1.4 仿生设计学研究的重要意义

当前的设计研究中，人们对于设计想到最多的是创新性，很多人会忽视设计的目的性。其实设计的目的性和创新性一样，有着极其重要的意义。

1.4.1 仿生设计学研究的必要性

设计本质上是一种问题求解活动，解决问题就是设计的目的，是其本质要求和内在属性之一。应该说,我们无法想象一个设计不为解决问题而存在,也无法想象一个不能解决问题的设计还能存在。仿生设计作为设计的一种,目的性研究对于仿生设计来说同样具有必要性。

1.4.2 仿生设计学研究的重要性

"设计的过程要经历情报的收集及分析,将不同的情报进行组合,铺就通往目的之路。"在整个设计过程中,都需要明确设计的目的,并把这个目的作为设计限定条件提出的依据和方案评价选择的标准。没有明确的目的,后续的设计过程就无法展开,既不可能有设计问题的定义,也不会有调研的范围和分析问题、讨论问题的依据,更不用提方案评价的标准等方面[5]。

在仿生设计中,设计者有着不同的出发点和目的,这也就决定着采取的方法和步骤会有不同。例如,以最少材料消耗和精简结构承担合理负荷的结构仿生设计与以仿生生物形象所代表的象征意义赢得消费者心理认同的造型仿生设计,就有着不同的研究侧重点和设计方向。因此,目的性研究作为仿生设计的第一步,对设计活动有着重要影响。

1.5　仿生设计学的特点

作为一门新兴的边缘交叉学科,仿生设计学具有某些设计学和仿生学的特点,但它又有别于这两门学科。具体说来,仿生设计学具有如下特点。

1)艺术科学性

仿生设计学是现代设计学的一个分支、一个补充。同其他设计学科一样,仿生设计学亦具有它们的共同特性——艺术性。鉴于仿生设计学是以一定的设计原理为基础、以一定的仿生学理论和研究成果为依据,因此又具有很严谨的科学性。

2)商业性

仿生设计学为设计服务,为消费者服务,同时优秀的仿生设计作品亦可刺激消费、引导消费、创造消费。

3)无限可逆性

以仿生设计学为理论依据的仿生设计作品都可以在自然界中找到设计的原型,该作品在设计、投产、销售过程中所遇到的各种问题又可以促进仿生设计学的研究与发展。仿生学的研究对象是无限的,仿生设计学的研究对象亦是无限的;

同理，仿生设计的原型也是无限的，只要潜心研究大自然，我们永远不会有江郎才尽的那一天。

4）学科知识的综合性

要熟悉和运用仿生设计学，必须具备一定的数学、生物学、电子学、物理学、控制论、信息论、人机学、心理学、材料学、机械学、动力学、工程学、经济学、色彩学、美学、传播学、伦理学等相关学科的基本知识。

5）学科的交叉性

要深入研究和了解仿生设计学，必须在设计学的基础上，了解生物学、社会科学的基础知识，还要对当前仿生学的研究成果有清晰的认识。它是产生于几个学科交叉点上的一种新型交叉学科。

1.6 仿生设计学研究方法与步骤

1.6.1 仿生设计学的研究方法

根据生物原型的尺度、形态、类别的不同及产品形态与结构设计要求的不同，具体的设计方法也有所不同，常用的有以下几类方法[6]。

1）生物模板法

生物模板法是在材料的制备过程中，根据目标结构引入适合的生物模板，利用模板表面的官能团与前驱体之间发生的化学上、物理上、生物上的结合与约束，在无机材料的生长、形核、组装等过程中起引导作用，进而控制其形貌、结构、尺寸等，最后通过高温烧结等方法把模板去除，得到较好复制模板原始特殊分级结构的目标材料。

2）逆向工程法

逆向工程也称反求工程、反向工程等，它是将生物模型转变为 CAD 模型相关的数字化技术、几何模型重建和产品制造技术的总称，通常用于宏观仿生形态结构设计中。

3）生物形态简化法

生物形态一般是比较复杂的有机形态，需要通过规则化、条理化、秩序化、几何化、删减补足、变形夸张、组合分离等手段对其进行简化[7]。

4）意象仿生法

仿生物意象产品设计一般采用象征、比喻、借用等方法，对形态、色彩、结构等进行综合设计。在这个过程中，生物的意象特征与产品的概念、功能、品牌及产品的使用对象、方式、环境特征之间的关系决定了生物意象的选择与表现。生物形态简化与意向仿生法常用于机械产品的外观造型设计中[8]。

5）具象形态仿生法

具象形态仿生是对生物形态的直观再现，在人类对于客观对象的认知基础之上，通过对生活经验及生物常态的凝练，力求最为真实地表达和再现自然界的客观形象。

6）抽象形态仿生法

抽象形态仿生是对自然生物形态的凝练，表现了自然生物形态的本质属性。它超越了直觉的思维层次，利用知觉的判断性、整体性、选择性，将生物形态的内涵理念及本质属性转移至仿生对象的造型中。

1.6.2 仿生设计学的步骤

仿生设计学设计不是对自然形态的直接模仿，而是在深刻理解自然原型的基础上，综合产品的功能、结构及美学等因素，结合造型心理学设计出具有形态语意和创造性的形态设计，遵循如下步骤。

1. 可行性分析

在进行仿生形态与结构设计之前，首先应根据调研所获得的资料，对产品的设计进行定位，并在使用方式、使用环境、功能结构等方面进行综合分析，确定该产品是否适合应用仿生的方法进行形态与结构的设计。

2. 仿生原型选取

将可行性分析结果及搜集的产品信息作为选取仿生对象的参照，从自然生物中选择符合产品设计要求的生物模本(生物系统中具有某种优势特征或功能特性，能为人类仿生设计所用的生物原型，称为生物模本)。

自然界中的生物种类繁多，包括动物、植物、微生物，其具有不同的形态、结构、材料、功能和生存方式等，这些特征无论是从宏观、微观还是从介观，都可以作为生物模本供各行各业进行仿生研究，发明和创造出更优、更好的接近于生物系统的仿生机械产品。不仅如此，生物个体、生物组、生物群（落），或是生物体的整体、部分，抑或生物体的分子、细胞、组织、器官、系统等，只要是有利于人类生存、生活、生产需要的，皆可作为生物模本被模仿。模仿对象可以是某个物种的特征，或 n 类生物的共同形态特征[6]，以下为生物模本的基本特征及基本原则。

1）生物模本的基本特征

（1）特异性　　生物群体或个体，相较于其他群体或个体，抑或生物个体的某部分，具有某种特异的生化、物理和拓扑等特征。生物模本的特异性特征是其在特定的生存环境中，为了适应外界变化而发展的种群或个体属性。例如，生活在黏、湿、阴、暗环境中的土壤动物在长期进化过程中，其身体呈现的特异性特征为：附肢短、足退化、身体小而扁平、翼消失、眼弱化、挖掘肢发达。

（2）功能性　　生物模本为适应各自不同的生存环境和实现特定的生物学行为皆具有一定或特殊功能甚至兼具多种功能。例如，蝙蝠不仅具有区别于一般哺乳动物的优势功能——可在空中飞行，还具有回声定位的特殊本领（图 1-1A）。再如，植物叶子，其脉络状轻质高强结构可呈现近乎完美的力学性能及止裂抗疲劳功能，而其叶绿体还是光合作用的主要器官，具有能量吸收和代谢功能（图 1-1B）。对于机械结构轻量化设计的仿生，植物叶子作为优异力学功能的生物模本可以发挥重要作用。而绿色能源领域的化学仿生，则主要模拟生物模本的能量转化功能。

A. 蝙蝠　　　　　　　　　　　　　B. 植物叶片

图 1-1　生物的多功能性

（3）工程性　　进行仿生机械设计所选择的生物模本必须具有工程学意义。例如，将具有脱附减阻能力的蜣螂、蚯蚓、蝼蛄、蚂蚁等土壤动物体表或身体作为生物模本进行仿生研究，来解决农业机械、工程机械土壤黏附严重、工作阻力大及磨损快等技术难题，提出了非光滑形态仿生、构形仿生、电渗仿生、柔性仿生及其耦合方法并应用于机械装备的脱附减阻设计，开拓了地面机械脱附减阻仿生研究的新领域。

2）生物模本的选择原则

（1）代表性原则　　同种生物体现的显著性特征及其功能特性，尽管大致相同，但依生物群体分布的不同地域环境及个体的个性特征，在群体或个体间仍呈或多或少的差异性，这是生物多样性的普遍规律。例如，人类在生物学上同属一个物种，但因生存的地理位置和遗传因素不同，根据肤色特征可分为白色、黄色、黑色和棕色人种，且不同肤色人种的头发、眼睛、鼻梁等也存在差异。对于同一人种的不同个体而言，其指纹、血型、虹膜、步态等也呈现出多样的性状差异。用来作为仿生机械设计的生物模本，应首选一种生物群体内具有典型性和代表性的样本，进行重点模拟。例如，进行仿人机器人的步态设计，应选择健康、壮年且姿态标准的人类活体作为生物模本进行步态特征仿生模拟；而模拟蜥蜴背部的刚柔耦合结构，进行耐冲蚀机械的仿生设计，应首选长期经受冲蚀环境破坏的沙漠蜥蜴作为生物模本。总之，针对生物模本的选择，应根据仿生目标和功能需求，首选对目标和功能起支配作用的代表性生物及其特征。

（2）相似性原则　　机械仿生设计的基本出发点，是寻求仿生目标产品与生物模本的相似性。相似性反映特定事物间属性和特征的共同性，主要包括工况条件、个性特征和功能特性的相似。在仿生机械设计中，需进行相似性分析，寻求生物功能特性、生物属性与工程属性的差异。只有从生物功能、特性、约束、品质等多个方面分析和评价生物模本与工程产品间的相似程度，优选出最合适的生物模本，才能保证仿生模拟和设计的有效性。

（3）可实现原则　　仿生机械设计的最终目标是实现产品的特定功能。选择生物模本，必须保证对生物模本的研究，使仿生设计与制造在技术上合理、经济上合算、实际操作上可行，即仿生过程和目标可实现。特别是基于当前工程技术的发展水平，能够运用现有技术和方法实现仿生设计的目标要求。在仿生设计阶段，应结合工程实际，针对特定生物模本的仿生目标进行可行性分析，从而对拟设计仿生方案的可行性、有效性进行技术论证和经济评价。

3）生物特征的认知与仿生特征的提取

在生物模本选定以后，对生物形态做全面分析，以便对生物形态的功能、结构及其他特征属性有一个全面的认识。在此基础上，根据产品的设计要求，选择最贴合生物本质特征的且最符合产品设计要求的生物形态特征，运用一定的简化手法进行特征提取。

4）仿生形态特征的简化处理

最初被提取的生物形态特征往往类似于自然形态，不能在产品形态设计中直接应用。因此，需要结合产品形态的特点和设计要求，在突出生物本质特征的前提下，运用一定的简化或抽象方法对其进行进一步的处理，使其更符合产品形态设计的要求。这个步骤是衔接生物形态特征与产品形态特征的重要环节，它关系到生物形态与产品形态能否良好地匹配[6]。

5）生物特征的设计转化

在得到具有一定抽象程度的生物特征简化式样之后，将生物的主要特征融入产品的功能体系中，使它在产品设计中得到具体体现，最终实现产品的形态及结构的仿生设计。

6）仿生设计的评价与验证

对仿生形态与结构的设计结果进行评价和验证。将产品仿生形态或结构与生物原型进行特征匹配，验证特征模仿的准确性和有效性。

参 考 文 献

[1] 任露泉, 梁云虹. 仿生学导论. 北京: 科学出版社, 2016.
[2] Steele J E. How do we get there? Bionics symposium: living prototypes-the key to new technology. New York: Routledge, 1960: 13-15.
[3] 许永生. 产品形态设计仿生学. 北京: 中国建筑工业出版社, 2019.
[4] 孙宁娜, 董佳丽. 仿生设计. 长沙: 湖南大学出版社, 2010.
[5] 于晓红. 仿生设计学研究. 长春: 吉林大学硕士学位论文, 2004.
[6] 闻邦椿. 机械设计手册. 第 7 卷. 北京: 机械工业出版社, 2017.
[7] 申宇卉, 周涵, 范同祥. 硅藻分级多孔功能材料的研究进展. 材料导报 A: 综述篇, 2016, 30(4): 1-8.
[8] 徐红磊, 于帆. 基于生命内涵的产品形态仿生设计探究. 包装工程, 2014, 35(18): 34-38.

第 2 章　仿生信息获取手段

　　林林总总的生物群体在亿万年的进化中，优胜劣汰，适者生存，形成了各自独特的形态、结构、材料和行为方式，与自然界和谐相处。生物以其形态、结构、材料等因素以一定的联系方式相互耦合或协同作用呈现出多种生物功能，实现对环境的最佳适应。仿生学是通过研究生物系统的结构、性状、原理、行为及相互作用，从而为工程技术提供新的设计思想、工作原理和系统构成的技术科学[1]。人类在长期的生产与生活实践中，总是自觉或不自觉地运用仿生信息去解决问题。仿生信息是仿生设计的基础，在仿生设计过程中，能否高效获取仿生信息直接影响仿生效能。因此，获取仿生信息是仿生设计最为重要的环节。

　　自古以来，受人类各种需求，如生存需求、健康需求、军事需求、发展需求、精神需求、兴趣（爱好、好奇心）需求等的驱动，人类对生物及其生活与生境不断地观察和探索，获取了由简单到复杂、由粗糙到精细的各种仿生信息以适应生存和生产的需求。随着近代物理学、化学、生物学、微电子学、材料科学、计算机技术，以及自动控制技术等学科的迅速发展，仿生信息的获取方法得到了很大的改进、完善和更新，正朝着快速、简便、精确、自动化等方向迅猛发展，已成为一种多门类、跨学科的综合性技术，在仿生研究中占据重要的位置。

　　目前，表征测试是获取仿生信息常用的关键测试手段，即使用测试装置直接对模本或仿生制品的相关信息进行动态或静态检查与测量，获得定性或定量的量值及属性、表观特征信息等，如对模本与制品进行几何特征、物理特性、材料属性等表征测试。

　　测试仪器是对生物模本与仿生制品进行实验、测量、观测、检验、表征等采用的器具或装置，是获得仿生信息的技术手段。在进行仿生测试过程中，应该优选测试仪器，不同种类与不同精度的仪器获得的仿生信息是不相同的。通常，用于一个目标检测的仪器往往有许多种类型，应根据生物模本与仿生制品的相关属性选择最适合的仪器。本章从测试仪器角度介绍仿生信息的获取方法。

2.1　光学显微镜

2.1.1　发展简史

　　自古以来，人们就对微观世界充满了敬畏和好奇。光学显微分析技术则是人类打开微观物质世界之门的第一把钥匙。经过五百多年的发展，人类利用光学显微镜步入微观世界，逐渐看到绚丽多彩的微观物质形貌。

15 世纪中叶，弗朗切斯科·斯泰卢蒂（Francesco Stelluti）利用放大镜，即所谓单式显微镜研究蜜蜂，开始将人类的视角由宏观引向微观世界的广阔领域。此后，人们从简单的单透镜开始学会组装透镜具组，进而学会透镜具组、棱镜具组、反射镜具组的综合使用。约在 1590 年，荷兰的詹森父子（Hans Janssen and Zacharias Janssen）创造出最早的复式显微镜。17 世纪中叶，物理学家胡克（R. Hooke）设计了第一台性能较好的显微镜，此后惠更斯（Christiaan Huygens）又制成了光学性能优良的惠更斯目镜，成为现代光学显微镜中多种目镜的原型，为光学显微镜的发展做出了杰出的贡献。19 世纪德国的恩斯特·卡尔·阿贝（Ernst Karl Abbe）阐明了光学显微镜的成像原理，并由此制造出油浸系物镜，使光学显微镜的分辨本领达到了 $0.2\mu m$ 的理论极限，制成了真正意义上的现代光学显微镜。

2.1.2 分类及用途

目前，光学显微镜已由传统的生物显微镜演变成诸多种类的专用显微镜，按照其成像原理可分为以下几种。

（1）几何光学显微镜　　包括生物显微镜、落射光显微镜、倒置显微镜、金相显微镜、暗视野显微镜等。

（2）物理光学显微镜　　包括相差显微镜、偏光显微镜、干涉显微镜、相差偏振光显微镜、相差干涉显微镜、相差荧光显微镜等。

（3）信息转换显微镜　　包括荧光显微镜、显微分光光度计、图像分析显微镜、声学显微镜、照相显微镜、电视显微镜、激光共聚焦扫描显微镜、双光子激光共聚焦显微镜等。

光学显微镜是用途最广泛的光学仪器之一，利用它可以探索自然界微观世界的奥秘，丰富人类的知识，从而提高人与自然界斗争的本领。

近年来，随着科学技术的迅猛发展，光学显微镜的应用越来越广，品种也越来越多。各种光学原理可用于透射光、反射光等显微技术，以及明视场、暗视场、相衬、微分干涉相衬、荧光、偏光等。也可加配各种附件，如显微摄影、电视、投影、温度调节载物台、示教镜等来广泛地应用于解剖学、生物学、细菌学、组织学、药物学、生物化学、地质学、土壤研究、工业生产、皮革工业、金相学、神经学、骨病学、生理学、射线学、血清学、毒物学、兽医学、水污染研究等。光学显微镜已普遍应用在工业、农业、商业、文化教育、医学卫生、科学研究等部门。下面简要介绍几种仿生信息获取中常用的光学显微镜。

2.1.2.1 体视显微镜

体视显微镜又称解剖显微镜、实体显微镜和立体显微镜,在仿生信息的获取中是用途比较广的显微镜。其操作简便,对标本要求不高,工作距离长,观察时有较强的立体感,可以对实物进行观察,也可以在观察的同时对标本进行操作。

例如,为了研究生物的耐冲蚀磨损功能特性,研究人员选取栖息在沙漠地区的典型动物——沙漠蜥蜴作为生物模本,利用体视显微镜对其进行观察。研究发现,为适应风沙环境,沙漠蜥蜴体表具有多层结构的皮肤,紧密嵌合成覆瓦状排列的菱形鳞片,鳞片中部呈突起状(图 2-1A、B),能有效减少体表与地表的接触;鳞片紧密地附着于皮肤表层(图 2-1C),鳞片相互通过鳞片下的皮肤柔性联结,形成了刚性鳞片通过生物柔性连接的体表结构,这种刚性强化和柔性吸收的系统耦合具有极高的抵抗磨粒磨损与冲蚀磨损的生物功能[2]。

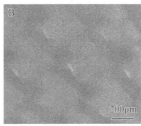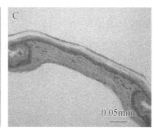

图 2-1 沙漠蜥蜴及其体表鳞片与皮肤染色切片[2]

A. 沙漠蜥蜴;B. 体表鳞片;C. 皮肤染色切片

又如,蝴蝶翅膀具有自洁、拟态、隐身等功能,通过体视显微镜观察发现,蝴蝶翅膀上的鳞片呈覆瓦状交叠排列,如图 2-2 所示,这种周期性排列的耦合结构会产生特殊的结构色。同时,这种井然有序的耦合结构还具有调节体温的作用,每当气温上升、阳光直射时,鳞片自动张开,以减小阳光的辐射角度,从而减少对阳光热能的吸收;当外界气温下降时,鳞片自动闭合,紧贴体表,让阳光直射鳞片,从而把体温控制在正常范围之内。

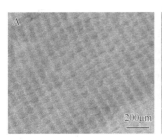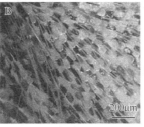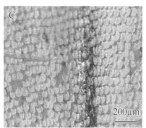

图 2-2 蝴蝶鳞片[2]

A. 尖钩粉蝶;B. 斑缘豆粉蝶;C. 冰清绢蝶

2.1.2.2 金相显微镜

金相显微镜主要是通过对金属和矿物等不透明物体组织形貌的检查来分析仿生金属材料的组织与其化学成分关系的显微镜。这些不透明物体无法在普通的透射显微镜中观察，故金相显微镜和普通显微镜的主要差别在于前者以反射光照明，而后者以透射光照明。在金相显微镜中，照明光束从物镜方向入射到被观察物体表面，被物面反射后再返回物镜成像。金相显微镜由于易于操作、视场较大、价格相对低廉，是仿生金属材料常规检验和研究工作中最常使用的仪器。

例如，在研究仿生制动盘的抗热疲劳性能时，采用激光合金化处理技术在环形薄片铸铁样件表面使用铁基自熔合金制备条纹仿生耦合体，其横截面可分为三个区域，即仿生耦合体区（激光合金化熔凝区 AZ）、热影响区（HAZ）和灰铸铁基体区（matrix）。仿生耦合体区的微观组织由马氏体、残余奥氏体和铬/铁的化合物组成，如图 2-3 所示，在热疲劳循环过程中，组织产生内部缺陷较少，减少了裂纹源的存在，有效抵制了裂纹的萌生。

图 2-3 仿生耦合体的组织[2]
A. 横截面；B. HAZ 显微组织

2.1.2.3 激光共聚焦扫描显微镜

激光共聚焦扫描显微镜是在荧光显微镜成像基础上加装了激光扫描装置，使用紫外光或可见光激光荧光探针，利用计算机进行图像处理，把光学成像的分辨率提高了 30%～40%，不仅可观察固定的细胞、组织切片，还可对各种染色、非染色和荧光标记的活体组织及细胞的结构、分子、离子进行实时动态的观察与检测，测定细胞内物质运输和能量转换。目前，激光共聚焦扫描显微镜已用于细胞形态学分析、荧光原位杂交、基因定位及三维重建分析等研究，并提供定量荧光测定、定量图像分析等实用研究手段，如图 2-4 所示。在医学、生物学（生物化学、细菌学、细胞生物学）、材料学、电子科学、力学、石油地质学、矿产学等众多研究领域应用广泛。

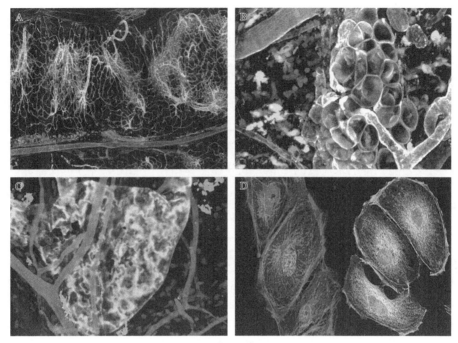

图 2-4　激光共聚焦扫描显微镜下的生物组织（彩图请扫封底二维码）

A. 免疫细胞从血管中迁移出来抵达炎症或受损组织的部位（Aude Thiriot, Cell, 哈佛医学院）；B. 中性粒细胞（红色）从血管迁移到伤口（Tim Lämmermann, Cell, 美国国立卫生研究院）；C. 被激活的树突状细胞（绿色）进入淋巴管（白色）（David Alvarez, Cell, 哈佛医学院）；D. 细胞膜、细胞核成像

2.2　电子显微镜

2.2.1　发展历程

电子显微镜是根据电子光学原理，用电子束和电子透镜代替光束和光学透镜，使物质的细微结构在非常高的放大倍数下成像的仪器。电子显微镜与光学显微镜的基本成像原理一样，不同的是前者的光源是电子束而不是可见光，透镜是用电磁透镜而不是光学玻璃透镜。电子显微镜的分辨率远远高于光学显微镜的分辨率。

1926 年德国学者汉斯·布什（Hans Busch）提出了运动电子在磁场中的运动理论，为电子显微镜的发明提供了重要的理论依据，研制出了第一个磁力电子透镜。1931 年，德国学者恩斯特·鲁斯卡（Ernst Ruska）和马克斯·克诺尔（Max Knoll）成功研制了第一台透射电子显微镜（transmission electron microscope, TEM），在显微镜中首次使用了两个磁透镜。展示这台显微镜时使用的还不是透视的样本，而是一个金属格，1986 年鲁斯卡为此获得诺贝尔物理学奖。稍后，西门子公司建立超显微镜学实验室，致力于改进 TEM 的成像效果，研制的第一台商业透射电子显微镜在 1939 年上市,分辨率优于 100Å;1934 年,锇酸被提议用来加强图像的对比度。在透射电镜的基础上,1935 年,德国学者诺尔(Knoll)首次提出了扫描电镜的概念,1952 年,英国剑桥大学查尔斯·奥克利(Charles Oatley)等制造出了第一台扫描电子显微镜(scanning electron microscope,SEM)。1965 年,第一台商业 SEM 研制成功,目前其发展方向是场发射型高分辨扫描电镜和环境扫描电镜。

随着现代科学和技术的不断发展,经过几十年的发展,电子显微镜图像放大倍率已由几万倍提高到几十万到几百万倍;从只能观察形貌的单一功能的显微镜,已发展成为能获得纳米尺度的形貌、成分和晶体结构信息的综合分析仪器。

2.2.2 分类及用途

电子显微镜是以电子束为光源,用一定形状的静电场或磁场聚焦成像的分析仪器。根据其检测信号的不同,电子显微镜可分为扫描电子显微镜(SEM)、环境扫描电子显微镜(environmental scanning electron microscope,ESEM)、场发射扫描电子显微镜(field emission scanning electron microscope,FESEM)、透射电子显微镜(transmission electron microscope,TEM)、扫描透射电子显微镜(scanning transmission electron microscopy,STEM)等。

2.2.2.1 扫描电子显微镜

扫描电子显微镜(SEM)是一种介于透射电子显微镜和光学显微镜之间的观察仪器,其利用电子束在样品表面扫描激发出来的代表样品表面特征的信号成像。

SEM 具有以下特点:①所用样品的制备方法简便(固定、干燥和喷金),不需经过超薄切片;②图像景深较大、分辨率较高,成像直观、立体感强、放大倍数范围宽,待测样品可在三维空间内进行旋转和倾斜;③可测样品种类丰富,几乎不损伤和污染原始样品,配备 X 射线能谱仪装置,可同时获得形貌、结构、成分和结晶学等信息;④可进行动态观察,如果在样品室内装有加热、冷却、弯曲、拉伸和离子刻蚀等附件,则可以通过电视装置,观察相变、断裂等动态的变化过程[3]。

由于 SEM 具有上述特点和功能,因此越来越受到科研人员的重视,用途日益广泛。目前,SEM 已被广泛应用于生命科学、仿生学、材料学、医学、物理学、化学及工业生产等领域。

例如,蜻蜓是自然界最优秀的飞行者之一,为航空航天飞行器和仿生微扑翼飞行器等的设计、研制和开发提供了天然的生物蓝本。通过 SEM 对蜻蜓翅膀进行观察与检测,可清晰分辨蜻蜓翅膀的表面网格形态、空间三维褶皱结构、翅脉的中空及分层结构、翅膜的多层结构等[4],如图 2-5 所示。

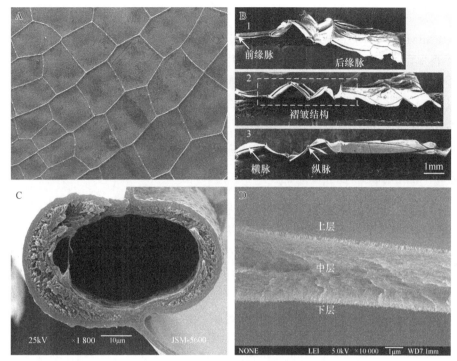

图 2-5　蜻蜓翅膀的形貌与结构

A. 表面网格形态；B. 空间三维褶皱结构；C. 翅脉的中空及分层结构；D. 翅膜的多层结构

SEM 虽是当今普遍使用的科学研究仪器，但 SEM 的工作原理及结构上的一些限制，使 SEM 在使用性和适用范围方面受到一定影响。首先，各种含水样品不能在自然状态下被观察，被观察样品必须洁净、干燥。其次，当高能电子束打到样品表面时，会在样品内沉积相当可观的电荷，如样品导电，电荷经样品可流入大地；如样品不导电，这些电荷累积起来，则会形成附加的干扰电场，从而使成像信号发生变化，导致图像失真。最后，其分辨率还不够高（1～10nm），难以实现纳米材料微结构的检测。

2.2.2.2　环境扫描电子显微镜

环境扫描电子显微镜（ESEM）是扫描电子显微镜的一个重要分支，其不仅可以像普通 SEM 一样，将样品室和镜筒内设为高真空，检验导电导热或经导电处理的干燥固体样品，还可以作为低真空 SEM 直接检测非导电导热样品，无须进行处理。

ESEM 具有以下特点：①对于生物样品、含水样品、含油样品，既不需要脱水，也不必进行喷碳或金等导电处理，可在自然状态下直接观察二次电子图像并分析元素成分；②可以对各种固体和液体样品进行形态观察及元素定性定量分析；③样品室内的气压可大于水在常温下的饱和蒸汽压，可以在–20～20℃观察样品的溶解、凝固、结晶等相变动态过程。

ESEM 最大的优点就在于它允许改变显微镜样品室的压力、温度及气体成分。它不仅保留了 SEM 的全部优点，而且消除了对样品室环境必须是高真空的限制。潮湿、细腻、肮脏、无导电性的样品在自然状态下都可检测，无须任何处理。由于 ESEM 所具有的结构特点，ESEM 使 SEM 的适用范围和操作性能发生了革命性突破。ESEM 同样可以与 X 射线能谱仪相配接，进行元素分析，采集元素的面分布图或线扫描曲线。即使对于超轻元素，分析精度也不受影响。

2.2.2.3 场发射扫描电子显微镜

场发射扫描电子显微镜（FESEM）是 SEM 的一种升级形式。FESEM 具有超高分辨率，能做各种固态样品表面形貌的二次电子像、反射电子像观察及图像处理。FESEM 利用二次电子成像原理，可在镀膜或不镀膜的基础上，于低电压下直接观察生物样品（如组织、细胞、微生物及生物大分子等），来获得忠于原貌的立体感极强的样品表面超微形貌结构信息。配接高性能 X 射线能谱仪，FESEM 可同时进行样品表层的微区点线面元素的定性、半定量及定量分析，具有形貌、化学组分综合分析能力。

FESEM 可以观察和检测非均相有机材料、无机材料及上述微米、纳米级样品的表面特征，是纳米材料粒径测试和形貌观察最有效的仪器，也是研究材料结构与性能关系不可缺少的重要工具，广泛用于生物学、仿生学、医学、金属材料、高分子材料、化学、化工原料、地质矿物等领域的分析研究。

例如，采用 FESEM 成像不仅可以显示褐皮花蛛所产生蛛丝的微观结构，而且可对单根蛛丝的厚度进行观察，这种蜘蛛丝呈平滑带状，宽度为 6～9μm，厚度仅为 40～80nm，特别薄，宽度与厚度的比例为 100：1～150：1，这种特殊的纳米结构，使其能够很容易地被弯曲和折叠，如图 2-6 所示。图 2-7 是蚊子复眼的微结构，FESEM 大景深的高分辨率成像，能够清晰地展示其超微形貌立体结构。

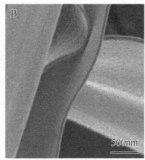

图 2-6　宽度与厚度比为 100：1 的蜘蛛丝[1]

A. 几条蜘蛛丝；B. 蛛丝厚度方向；C. 易于弯曲折叠

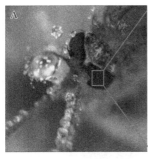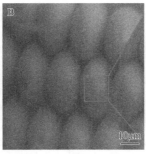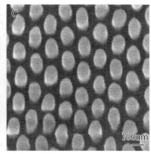

图 2-7 蚊子复眼微结构[5]

A. 蚊子的复眼；B. 单个复眼；C. 单个复眼表面的微结构

2.2.2.4 透射电子显微镜

透射电子显微镜（TEM）是把经加速和聚集的电子束投射到非常薄的样品上，电子与样品中的原子因碰撞而改变方向，从而产生立体角散射。散射角的大小与样品的密度、厚度相关，因此可以形成明暗不同的影像，影像将在放大、聚焦后在成像器件（如荧光屏、胶片及感光耦合组件）上显示出来[6]。

借助 TEM 可以看到在光学显微镜、SEM 和 FESEM 下无法看清的小于 0.2μm 的细微结构，这些结构被称为亚显微结构或超微结构。要想看清这些结构，就必须选择波长更短的光源，以提高显微镜的分辨率。1932 年，Ruska 发明了以电子束为光源的透射电子显微镜，电子束的波长要比可见光和紫外光短得多，并且电子束的波长与发射电子束的电压平方根成反比，也就是说电压越高，波长越短。目前，TEM 的分辨力可达 0.1～0.2nm，放大倍数为几万至几百万倍。

透射电子显微镜的成像原理可分为如下三种情况。

（1）吸收像 当电子射到质量、密度大的样品时，主要的成像作用是散射。样品上质量密度大的地方对电子的散射角大，通过的电子较少，像的亮度较暗。早期的透射电子显微镜都是基于这种原理。

例如，研究变色龙颜色变化及机理时，通过 TEM 可观测到变色龙皮肤细胞中含有呈网格状且排列十分规整的鸟嘌呤晶体，变色龙可通过主动调节皮肤细胞内的鸟嘌呤纳米晶体来改变颜色，即重新排列皮肤中微小晶体的晶格，使其能反射不同波长的光线，继而呈现不同的颜色[7]，如图 2-8 所示。

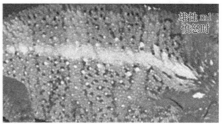

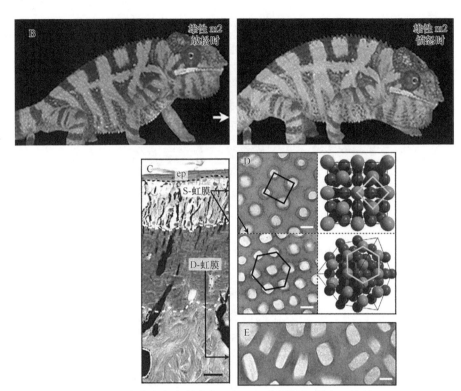

图 2-8 变色龙颜色的变化及机理（彩图请扫封底二维码）

A. 背景皮肤从绿色变成橙色，条纹从蓝色变成白色；B. 背景皮肤从绿色变成嫩黄色；C. 苏木精染色，白皮肤横断面的表皮（ep）和两层较厚的虹膜；D. 在 S-虹细胞内鸟嘌呤纳米晶体在激发态时的 TEM 图像和面心立方晶格（fcc）的三维模型；E. 在 S-虹膜内鸟嘌呤纳米晶体的 TEM 图像

又如，图 2-9 是格陵兰岛冰川下名为 *Herminiimonas glaciei* 的耐寒微生物，图 2-9A 是 SEM 成像，只能观测到微生物的表面形貌，图 2-9B、C 是 TEM 成像，可清晰地检测到耐寒微生物生有类似尾巴的超长鞭毛，且可以在冰层微小的纹理中移动。

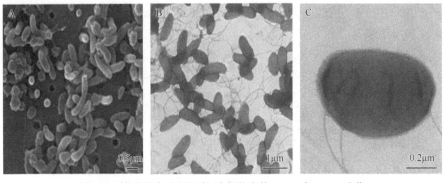

图 2-9 格陵兰岛冰川下的耐寒微生物 SEM 和 TEM 成像

A. SEM 图；B、C. TEM 图；C. 微生物单体放大

（2）衍射像　　电子束被样品衍射后，样品不同位置的衍射波振幅分别对应于样品中晶体各部分不同的衍射能力。当出现晶体缺陷时，缺陷部分的衍射能力与完整区域不同，从而使衍射波的振幅分布不均匀，反映出晶体缺陷的分布[8]。

（3）相位像　　当样品薄至 100Å 以下时，电子可以穿过样品，波的振幅变化可以忽略，成像来自于相位的变化。

TEM 的分辨率较高，可用于研究纳米材料的结晶情况，观察纳米粒子的形貌、分散情况及测量和评估纳米粒子的粒径，是研究材料微观结构的重要仪器。利用透射电镜的电子衍射能够较准确地分析纳米材料的晶体结构，可结合电子显微镜和能谱两种方法共同对某一微区的情况进行分析。此外，微区分析还能够用于研究材料夹杂物、析出相、晶界偏析等微观现象。TEM 被广泛应用于生物学、材料科学、医学、化学、物理学、仿生学、地质学、金属、半导体材料、高分子材料、陶瓷、纳米材料等领域。TEM 在生物、医学中的应用极大地丰富了组织学和细胞学的内容，人们借助 TEM 观察到了许多过去用光学显微镜观察不到或观察不清的细胞微体结构。由于电子易散射或被物体吸收，故穿透力低，样品的密度、厚度等都会影响到最后的成像质量，因此必须制备更薄的超薄切片，通常为 50～100nm。而用 TEM 观察时的样品需要处理得更薄。常用的制样方法有：超薄切片法、冷冻超薄切片法、冷冻蚀刻法、冷冻断裂法等。对于液体样品，通常是将其挂在预处理过的铜网上进行观察。

2.2.2.5 扫描透射电子显微镜

扫描透射电子显微镜（STEM）既有扫描电镜的功能，又有透射电镜的功能，其可通过电子束在样品的表面扫描成像，也可通过电子穿透样品成像，如配上电子探针的附件（分析电镜）则可实现对微观区域的组织形貌观察、晶体结构鉴定及化学成分分析测试三位一体的同位分析。与透射电镜相比，由于 STEM 加速电压低，因此可显著减少电子束对样品的损伤，而且可大大提高图像的衬度，特别适合于有机高分子、生物等软材料样品的透射分析。

例如，应用透射电镜观察生物样品时，由于样品的衬度很低，需经过铀、铅等重金属染色才能获得其结构信息，然而染色不仅麻烦而且可能会改变样品的结构。应用 STEM 观察生物样品时，样品无须染色直接观察即可获得较高衬度的图像，图 2-10 为应用 STEM 观察到的未染色生物样品的电镜图，可以看到其纳米尺度的片层结构。

除可显著提高透射像的衬度外，应用 STEM 成像还有一个优势，即可对样品同时进行二次电子像扫描和透射像扫描，既可以得到同一位置的表面形貌信息又可以得到内部结构信息，避免了在扫描电镜和透射电镜之间转换样品、定位样品的麻烦。图 2-11 所示为应用 STEM 观察有机螺旋纳米线（光化学实验室样品）得到的二次电子像和透射像（STEM 明场像和暗场像），从二次电子像可以清楚地观察到纳米线的螺旋结构，从透射像可以看出纳米线是实心结构而非空心管结构。

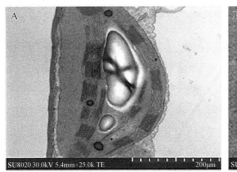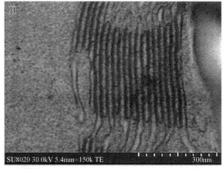

图 2-10　应用 STEM 观察到的未染色生物样品
A. 未染色生物样品；B. 纳米片层结构

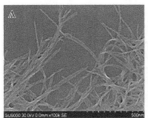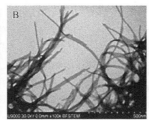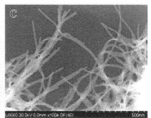

图 2-11　应用 STEM 观察有机螺旋纳米线
A. 二次电子像；B. 透射像（明场像）；C. 透射像（暗场像）

2.3　扫描探针显微镜

扫描探针显微镜（scanning probe microscope，SPM）是利用带有超细针尖的探针逼近样品，并采用反馈回路控制探针在距表面纳米量级位置扫描，获得其原子及纳米级的有关信息图像，具有高精度成像、纳米操纵等功能，是纳米科技、生命科学、材料科学和微电子等科学研究的重要工具。

按探针与样品表面不同的作用模式，扫描探针显微镜可分为扫描隧道显微镜（scanning tunnel microscope，STM）、原子力显微镜（atomic force microscope，AFM）、磁力显微镜（magnetic force microscopy，MFM）、横向力显微镜（lateral force microscopy，LFM）、力调制显微镜（force modulation microscopy，FMM）、相位检测显微镜（phase detect microscopy，PDM）、静电力显微镜（electric force microscopy，EFM）、扫描电容显微镜（scanning capacitance microscopy，SCM）、热扫描显微镜（thermal scanning microscopy，TSM）等。总之，不同类型的扫描

探针显微镜采用不同的探针，利用探针与样品之间的作用模式，以及在不同接触区域工作来获取信息。

2.3.1 扫描隧道显微镜

扫描隧道显微镜（STM）是一种利用量子理论中的隧道效应探测物质表面结构的仪器，其利用电子在原子间的量子隧穿效应，将物质表面原子的排列状态转换为图像信息。

STM 基于量子力学的隧穿效应，把一根金属针尖作为探针，使之与样品表面形成两个电极，当针尖与样品表面非常靠近（一般小于 1nm）时，两者的电子云略有重叠，若在两极间加上电压，在电场的作用下，电子就会穿过两个电极间的势垒形成隧道电流。通过记录针尖与样品表面隧道电流的变化就可得到样品的表面信息。STM 具有很高的分辨率（横向分辨力达 0.1nm，纵向分辨力达 0.01nm），这使人类第一次能够实时地观察到样品表面的原子排布状态。扫描隧道显微镜的出现对表面科学、纳米科学、生物医学等科学技术的研究和发展具有里程碑式的意义。

STM 的主要功能是成像，其不仅可以观察到纳米材料表面的原子或电子结构、表面及被吸附质覆盖后表面的重构结构，还可以观察表面存在的原子台阶、平台、坑、丘等结构缺陷。STM 可直接对导体和半导样品进行检测，在成像时对样品呈非破坏性，可在真空、大气、溶液、低温等不同的环境中进行实验。另外，它可以实时测量物体表面的空间三维图像，实现了人类长期追求的直接观察原子真面目的愿望。例如，硅烯的化学性质较为活泼，在空气中极容易被氧化，中国科学院物理研究所/北京凝聚态物理国家研究中心纳米物理与器件实验室高鸿钧团队突破传统的"堆叠"方式，成功制备出了大面积、高质量的石墨烯及类石墨烯二维原子晶体材料[9]，如图 2-12 所示是利用 STM 观察到的单层硅烯的原子分辨率图像。

图 2-12　单层硅烯的 STM 图像

A. 硅烯异质结构生长在 Ru（0001）表面；B. 原子分辨率图像显示完整的碳晶格，图中的六角形用于勾勒蜂窝特征

STM 可以帮助我们从原子层面探索微观世界，如图 2-13 所示，图像展示了 Cu(111)表面局域态密度的驻波图样，这些空间振荡是由二维电子气在 Fe 原子外的散射引起的量子力学干涉图样。另外，利用 STM 还可以搬动原子摆出特定的图案及进行表面微细加工等。

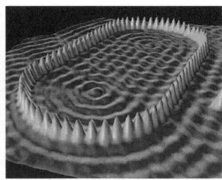

图 2-13　利用 STM 观察原子

2.3.2 原子力显微镜

原子力显微镜（AFM）是继扫描隧道显微镜（STM）之后发明的一种具有原子级高分辨率的新型仪器，可以在大气和液体环境中对包括绝缘体在内的固体材料表面进行观测，或者直接进行纳米操纵[10]。

AFM 通过检测待测样品表面和一个微型力敏感元件之间极微弱的原子间相互作用力来研究物质的表面结构及性质。将一个对微弱力极端敏感的微悬臂一端固定，使另一端的微小针尖接近样品，这时它将与其相互作用，作用力将使得微悬臂发生形变或运动状态发生变化。扫描样品时，利用传感器检测这些变化，就可获得作用力分布信息，从而以纳米级分辨率获得表面形貌结构信息及表面粗糙度信息。

例如，蝉翅表面的纳米级阵列结构，使其表面的水滴特别容易滚落，展现出了优异的自洁特性[11]。图 2-14 是蝉翅表面的 SEM 图和 AFM 图，通过 AFM 三维图可以观测到蝉翅表面纳米柱的高度约为 250nm。

相对于电子显微镜，AFM 具有许多优点：①图像方面，电子显微镜只能提供二维图像，AFM 可提供真正的三维表面图；②制样方面，电子显微镜需要对样品进行前期处理及制备，AFM 不需要对样品进行任何特殊处理，如镀铜或碳，这种处理会对样品造成不可逆转的伤害；③运行环境，电子显微镜需要在高真空条件下运行，原子力显微镜在常压下甚至在液体环境中都可以良好工作，可以用来研究生物宏观分子，甚至活的生物组织。相对于 STM，AFM 能观测非导电样品，从而弥补了 STM 的不足，具有更为广泛的适用性。AFM 现已广泛应用于半导体、纳米功能材料、生物、化工、食品、医药等领域中，成为纳米科学研究的基本工具。

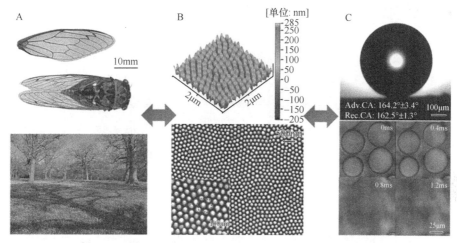

图 2-14　蝉（*Neotibicen pruinosus*）翅表面结构及自洁特性
A. 表面形貌及生存环境；B. 表面微观结构及三维形貌，其中上图为 AFM 图，下图为 SEM 图；C. 自洁特性

2.3.3　三维 X 射线显微镜（显微 CT）

三维 X 射线显微镜（显微 CT）是将传统 CT 技术与光学显微技术相结合而发展形成的一种新型的三维透视显微成像系统，它能够以微米至纳米的细节分辨能力对被检测对象内部结构进行无损三维成像。

三维 X 射线显微镜（显微 CT）的成像原理与光学显微镜基本上是一样的，主要依靠光学显微放大原理成像。X 射线源发射出来的射线束，在穿过待测对象时与待测对象发生作用，且因待测对象的各个部位对 X 射线的吸收率不同，最终使得穿过待测对象的 X 射线投射至探测器上形成透射图像。

三维 X 射线显微镜（显微 CT）的数据可利用图像处理软件来处理，例如，观察任意角度的断层图像/三维图像，定义任意数量和三维形状的 ROI（感兴趣区域），分割或合并多个三维图像，定量计算样品内部选定区域的体积、面积、孔隙率、连接密度、结构模型指数及各向异性程度等。三维 X 射线显微镜（显微 CT）是目前发展最热门、成长最快的 CT 成像技术之一，在微纳制造技术、仿生新材料及电子科学等领域起着十分重要的作用，并得到广泛的应用。

例如，鲸须是须鲸口腔中呈梳状的滤食系统，由一系列平行排列悬挂的须板组成，能将海水和食物分离，柔韧性极好，可承受来自循环水流及捕食的作用力数十年而不断裂。鲸须是天然的高性能纤维增强复合材料,它具有独特的多层级结构,是研发新材料很好的仿生原型。通过 SEM 和三维 X 射线显微镜(显微 CT)观测发现,鲸须具有微米级细管片层和毫米级夹层的独特结构,这种多层级尺度上的结构协同作用,使鲸须表现出优异的抗断裂性能[12],如图 2-15 所示。

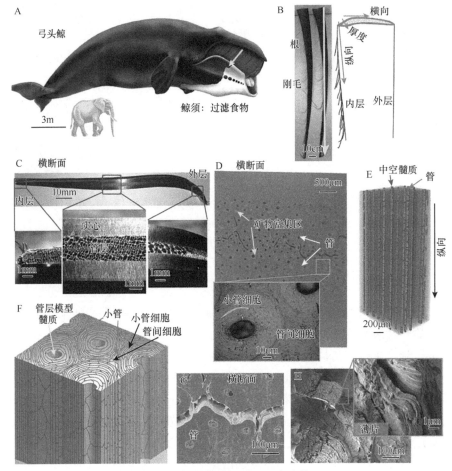

图 2-15 鲸须的多层级尺度结构

又如,竹子是一种具有优异力学性能的天然复合材料,图 2-16 是通过高分辨率三维 X 射线显微镜对竹枝节区的增强束进行观测而得到的图像,为具有选择性承载能力仿生结构的设计奠定了基础[13]。

仿生设计是仿生学最为重要的环节,而提取仿生信息又是仿生设计的关键环节。仿生信息的获取不仅仅局限于使用一种测试仪器,还可根据研究的实际需求优选不同种类和不同精度的测试仪器。显微分析是揭示材料宏观与微观联系最有效的手段之一，经过几十年的发展，其图像放大倍率已由仅几倍提高到几十万到几百万倍；从只能观察形貌的单一功能的分析，发展成为能获得纳米尺度的形貌、成分和晶体结构信息的综合分析，无疑它将在 21 世纪的仿生研究中发挥重要作用。随着仿生研究中多交叉学科的迅猛发展，在如何获取生物模本及仿生产品的表面、界面性质等方面，必将提出更多、更高的要求。新的分析方法的出现及分析方法之间的相互结合，材料表征技术的进步，必将推动仿生研究不断向前发展。

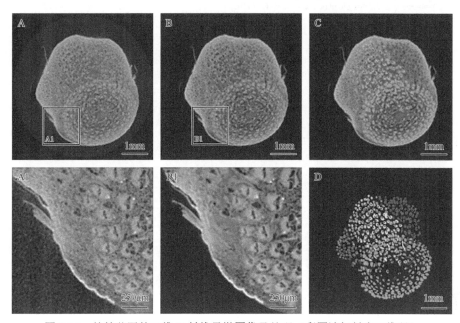

图 2-16　竹枝节区的三维 X 射线显微图像及处理（彩图请扫封底二维码）

A. 区域噪声的原始切片和细节（A1）；B. 用非局部均值去噪滤波图像和降噪后同一区域的细节（B1）；C. 从主轴（绿色）和副轴（紫色、黄色和红色）手动分割维管束的薄壁组织；D. 分段束的二进制掩码

参 考 文 献

[1] 任露泉, 梁云虹. 仿生学导论. 北京: 科学出版社, 2016.

[2] 任露泉, 梁云虹. 耦合仿生学. 北京: 科学出版社, 2012.

[3] 廖乾初, 蓝芬兰. 扫描电镜原理及应用技术. 北京: 冶金工业出版社, 1990.

[4] Li X J, Zhang Z H, Liang Y H, Ren L Q, Jie M, Yang Z G. Antifatigue properties of dragonfly *Pantala flavescens* wings. Microscopy Research and Technique, 2014, 77: 356-362.

[5] Han Z W, Feng X M, Guo Z G, Niu S C, Ren L Q. Flourishing bioinspired antifogging materials with superwettability: progresses and challenges. Adv Mater, 2018, 30（13）: e1704652.

[6] 章晓中. 电子显微分析. 北京: 清华大学出版社, 2006.

[7] Teyssier J, Saenko S V, van der Marel D, Milinkovitch M C. Photonic crystals cause active colour change in chameleons. Nature Communications, 2015, 6: 6368.

[8] 郭可信, 叶恒强, 吴玉琨. 电子衍射图在晶体学中的应用. 北京: 科学出版社, 1983.

[9] Li G, Zhang L Z, Xu W Y, Pan J B, Song S R, Zhang Y, Zhou H T, Wang Y L, Bao L H, Zhang Y Y, Du S X, Min O Y,

Pantelides S T, Gao H J. Stable silicene in graphene/silicene van-der-Waals heterostructures. Adv Mater, 2018, 30（49）: DOI: 10.1002/adma.201804650.

[10] 杨序纲, 杨潇. 原子力显微术及其应用. 北京: 化学工业出版社, 2012.

[11] Oh J, Dana C E, Hong S M, Román J K, Jo K D, Hong J W, Nguyen J, Cropek D M, Alleyne M, Miljkovic N. Exploring the role of habitat on the wettability of cicada wings. ACS Appl Mater & Interfaces, 2017, 9: 27173-27184.

[12] Wang B, Sullivan T N, Pissarenko A, Zaheri A, Espinosa H D, Meyers M A. Lessons from the ocean: whale baleen fracture resistance. Adv Mater, 2019, 31（3）: e1804574.

[13] Palombini F L, Nogueira F M, Junior W K, Paciornik S, de Araujo Mariath J E, de Oliveira B F. Biomimetic systems and design in the 3D characterization of the complex vascular system of bamboo node based on X-ray microtomography and finite element analysis. JMR, 2019: 117.

第3章 仿生信息的处理方法

迄今为止，人类通过向自然界学习和模仿，不仅找到了技术创新的新思路、新理论和新方法，而且制造和开发了许多可靠、灵活、高效、经济的仿生产品及仿生工程系统，有效地解决了人类科技发展面临的诸多问题[1]，不同程度地满足了人类生产和生活的种种需求。仿生学的研究方法就是既快又省地获取既多又好的仿生信息，并对它进行加工处理，使之成为有用信息并用以设计和制造新的技术或非技术产品。第 2 章我们了解了仿生信息的获取方法，本章主要介绍仿生信息的处理方法。

3.1 数学分析法

数学分析法是指运用数学知识将获取的仿生信息以数与量的形式解析出来，建立具有可量度属性数学模型的一种科学分析方法，是仿生信息处理最常用的方法。

自然界中许多生物及其生境的模本中都蕴涵着奇妙的数学关系，例如，在植物叶片、花朵、果实、茎秆和许多动物的体表形态、身体构形、内部结构中，特别是人体中都蕴藏着丰富、准确的黄金比例关系，如图 3-1 所示。拥有黄金分割旋转样式的植物同样还表现出另一种奇妙的数学属性，即叶片、种子等排布形成了斜列线数旋转的斐波那契序列[2]，如向日葵中心种子的排列图案就符合斐波那契序列，这个序列以螺旋状从花盘中心开始一直延伸到花瓣，葵花籽数量恰恰也符合了黄金分割定律：2/3、3/5、5/8、8/13、13/21 等，这些奇妙的数学关系可以用生物数学或应用数学等数学分析手段进行揭示。

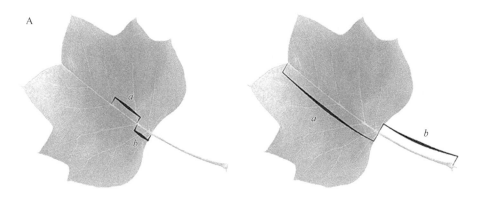

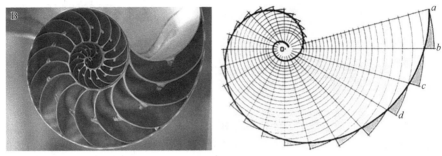

图 3-1　黄金分割 b：a=0.618

A. 叶子中的黄金分割；B. 鹦鹉螺曲线的每个半径和后一个的比都是黄金比例

自然界的植物大多拥有优美的造型，如花瓣对称排列在花托边缘，整个花朵近乎完美地呈现出辐射对称形状，叶子有规律地沿着植物的茎秆相互叠起……这些形态所包含的数学规律均与"曲线方程"$x^2+y^2-3axy=0$ 有着密切的关系。

即使是许多无形的、间接的事物，也可以用数学关系表述，如可以利用数学模型来描述人类思考、学习、记忆、遗忘等无形的、不能直接观测的过程[3]，这一数学模型的建立有助于人们更好地理解人类复杂的思维过程。

3.2　仿真分析法

仿真分析法是利用计算机技术对获取的仿生信息建立仿真模型并对模型进行仿真分析。它具有高效、安全、受环境因素约束少、比例尺可改变等优点，已成为处理仿生信息的一种重要方法。

在建立仿真模型时，根据所获取仿生信息的类型，所建模型可以是物理模型或数学模型、静态模型或动态模型、连续模型或离散模型等。所建仿真模型的准确性、科学性及系统性等至关重要，它会直接影响后续仿真分析的科学性。因此，应对仿真模型的精确性进行分析与评估。仿真分析是利用模型复现实际系统中发生的本质过程，并通过对系统模型的实验来研究实际存在的或模型中的系统，同时，通过实验可观察模型各变量变化的全过程。

例如，在研究红颈鸟翼凤蝶蓝色翅鳞（图 3-2）的抗反射性能时，通过扫描电子显微镜对红颈鸟翼凤蝶的蓝色翅鳞进行表征，来获取其表面的微纳结构信息，蓝色翅鳞区由两种不同类型的翅鳞构成双层鳞片结构系统，且两种不同类型的翅鳞均以一种精确而重复的形式分布排列。上层椭圆形翅鳞（顶层翅鳞）的单个鳞片呈现狭长状，长度约为 100μm，宽度约为 40μm；单个脊状结构的宽度为 541nm，相邻脊状结构的间距为 826nm；脊状结构由片层倾斜覆盖组成，相邻的片层间融合在一起形成了具有褶皱纹理的外壁。下层带有锯齿边缘的手掌形翅鳞（底层翅鳞）朝着相同的方向整齐排列，相邻的底层翅鳞之间在边缘处彼此重叠，其表面沿着鳞片纵轴方向分布着条纹状的阵列图案；底层翅鳞具有明显的脊状结构和网孔结构，其中，网孔结构的尺寸在 0.1～1.2μm 浮动，单个脊状堆叠的宽度为 324nm，而相邻的脊状堆叠的间距为 2.12μm，其间距远大于顶层翅鳞的脊状结构间距；底层翅鳞的脊状结构由梳齿状的次级结构堆叠而成，相邻的梳齿之间间距较大，从而在侧壁上形成了一种盲孔状的窗口纹理，如图 3-3 所示[4]。

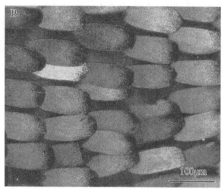

图 3-2　红颈鸟翼凤蝶的蓝色翅鳞区

A. 红颈鸟翼凤蝶；B. 蓝色翅鳞区

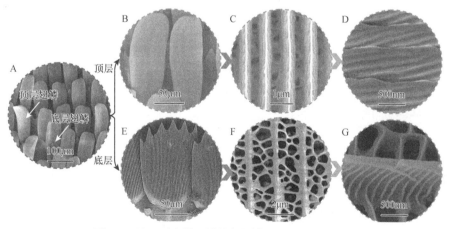

图 3-3　从红颈鸟翼凤蝶蓝色翅鳞区获取的仿生信息

　　根据红颈鸟翼凤蝶蓝色翅鳞区双翅鳞体系的微纳结构，利用 3D 可视化建模软件，重构顶层翅鳞和底层翅鳞的微纳结构，在空间直角坐标系里，建立两种翅鳞特征微纳结构的 3D 可视化模型，如图 3-4 所示。具体处理过程为，依据各种结构的形状特点，将顶层翅鳞微纳结构整体视为塔形结构，如图 3-4A 所示，这种结构主要包括两类初级结构，即彼此平行排列的隆起的脊状结构和在相邻的脊状结构间随机散乱分布的孔洞结构，其中脊状结构由紧密倾斜堆叠的次级片层结构组成；类似地，将底层翅鳞微纳结构整体视为蜂窝结构，如图 3-4B 所示，这种结构也可以拆分为两类初级结构，即相互平行而又隆起的堆栈结构和在相邻堆栈底部密集分布的网孔结构。与顶层翅鳞塔形结构中的孔洞结构相比，这种网孔结构中的孔隙直径更大，孔隙之间的隔断的厚度更薄。堆栈结构是由倾斜的梳齿状结构相互堆叠而成，即前一个梳齿的尾部连接着后一个梳齿的头部，以此类推，逐渐形成沿着翅鳞纵轴排列的堆栈结构。

根据已建立的塔形结构和蜂窝结构的 3D 可视化模型，对入射光与两种微纳结构体系的作用关系进行仿真分析，继而揭示红颈鸟翼凤蝶蓝色翅鳞多重抗反射机理。

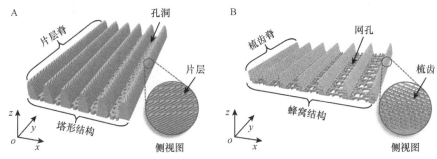

图 3-4 蓝色翅鳞区鳞片微纳结构的 3D 可视化模型
A. 顶层翅鳞；B. 底层翅鳞

对于仿生研究而言，仿真分析法有着巨大的优越性，它可以求解模本许多复杂而又无法用数学手段解析的问题，是求解高度复杂问题的重要科学手段，是仿生信息处理不可或缺的重要方法。

3.3 耦合分析法

生物体适应外部环境所呈现的各种功能，不仅仅是单一因素的作用或多个因素作用的简单相加，而是由多种互相依存、互相影响的因素通过一定的机理耦合、协同作用的结果[5]。生物功能源自生物耦合作用的现象，是多元仿生的重要生物学基础，也是仿生学领域的重要发现。耦合分析法是基于生物耦合的机理与规律而对仿生信息进行处理的方法，它是进行多元耦合仿生设计的基础，也是构建结构智能化、功能系统化、材料多元化的仿生耦合体系的关键。

为实现从自然界的生物原型到工程界的仿生耦合，需要进行生物耦合分析和仿生耦合分析，限于篇幅，本节仅选择常用的生物耦合分析法作一简单介绍。

　　在仿生信息的处理过程中，生物耦合分析的重点为明晰目标、分析耦元、确定耦联模式、寻求生物耦合功能实现模式、揭示生物耦合功能机理、建立生物耦合模型等。

3.3.1　明晰目标

　　首先应确立明确的生物功能目标。同一个生物体或生物群可能同时具有多个具有工程意义的功能。因此，应该根据研究目的与任务，先确定研究对象的一个或两个生物功能。

　　例如，蝴蝶和蛾的翅膀表面为抵御雨、雾、露及尘埃等不利因素的侵袭，经过长期的进化，形成了反黏附、非润湿的超疏水自清洁功能。选择蝴蝶和蛾的翅膀作为研究对象，是定性和定量研究润湿性的理想生物模本。

3.3.2　分析耦元

　　根据已明确的目标和研究任务、内容及相关专业知识，全面分析可能影响生物功能的各种因素；按贡献大小或重要程度，将耦元排序，并找出主耦元、次主耦元，本小节以鳞翅目昆虫蝴蝶和蛾翅膀的超疏水自清洁功能为例进行简要介绍。

3.3.2.1　形态耦元分析

　　鳞翅目昆虫的翅膀均覆盖着覆瓦状排列的微米级小鳞片，鳞片排列方向与翅脉方向一致，沿翅脉平行方向鳞片有重叠。鳞片形状可分为窄叶形、圆叶形、阔叶形和纺锤形 4 种。蝴蝶鳞片长 65～150μm、宽 35～105μm、重叠鳞片间距 48～170μm、厚 0.5～2.4μm；蛾鳞片长 121～454μm、宽 44～182μm、重叠鳞片间距 18～145μm，不同种属间鳞片尺寸没有明显规律[6]，如图 3-5 和图 3-6 所示。

图 3-5　柳裳夜蛾翅膀表面形貌　　图 3-6　蝴蝶翅膀鳞片微观形态

用蘸水的软毛笔沿翅脉方向轻轻刷去翅膀表面鳞片,避免破坏其表面组织结构,鳞翅目昆虫翅膀表面疏水性能明显降低(接触角 90.0°~125.9°),最多减少 73.1%。液滴在其表面停留 10min 后,接触角值明显变小,如图 3-7 和图 3-8 所示,表明鳞翅目昆虫翅膀表面鳞片形态耦元对疏水性能起着关键作用,且是一个重要耦元。

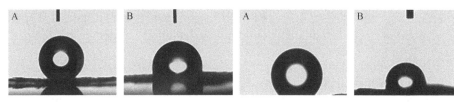

图 3-7　宽胫夜蛾翅膀有(A)无　　　　图 3-8　老豹蛱蝶翅膀有(A)无
　　　　(B)鳞片时接触角　　　　　　　　　　　(B)鳞片时接触角

3.3.2.2　结构耦元分析

对蝴蝶、蛾翅膀表面的平铺、纵切和横切样品进行扫描电子显微镜分析,发现鳞片表面沿翅脉方向规则分布有纵肋和凹槽,纵肋和凹槽贯穿整个鳞片。相邻梯形纵肋之间由横膈相连,横膈位置比纵肋低,纵肋与横膈组成不同的贯穿孔结构,在梯形纵肋边缘还分布着纳米级抛物线型肋条,如图 3-9 和图 3-10 所示,不同种属鳞片上纵肋的尺寸不同。

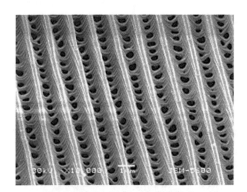 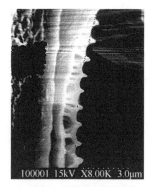

图 3-9　淡剑夜蛾翅膀表面结构　　　　图 3-10　蝴蝶翅膀鳞片微观结构(横切)

3.3.2.3　材料耦元分析

通过傅里叶红外光谱仪对鳞翅目昆虫翅膀表面鳞片和基底成分进行了定性和定量研究,其红外光谱特征峰值差别不大,可以认为鳞片与基底的组成成分一致,如图 3-11 和图 3-12 所示。鳞片成分主要由蛋白质、脂类和几丁质构成,这些有机物质具有疏水性能,是鳞翅目昆虫翅膀表面疏水性能的重要组成因素,属于材料耦元。

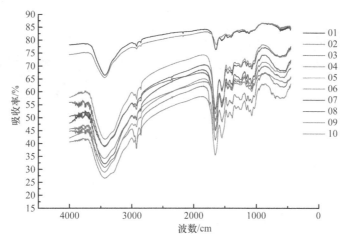

图 3-11　夜蛾翅膀鳞片的红外光谱图（彩图请扫封底二维码）

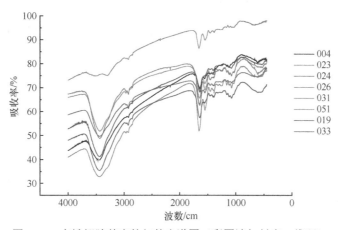

图 3-12　夜蛾翅膀基底的红外光谱图（彩图请扫封底二维码）

3.3.3　确定耦联模式

　　针对已确认的主耦元，并结合其他耦元，从生物耦合（生物个体或其部分）的构成、结构、运动学、动力学及其生命过程，探索并揭示耦元间的相关关系，即耦联模式。

　　例如，在研究土壤动物蝼蛄体表（图 3-13）的耐磨功能时，已确认蝼蛄的前足为主耦元，是挖掘的主要部件；中足和后足为次主元，起到辅助挖掘作用；躯干关节为一般耦元，只是在需要改变所挖掘的地道方向时起到转向作用[7]。

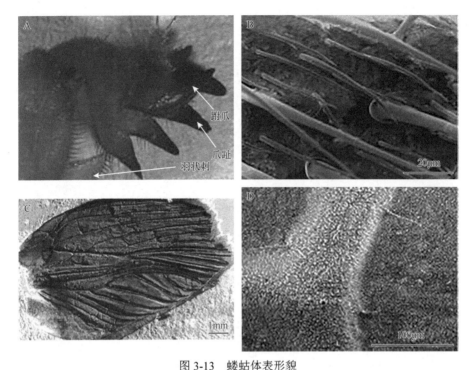

图 3-13 蝼蛄体表形貌
A. 蝼蛄的前足；B. 蝼蛄前胸背板的刚毛；C. 蝼蛄覆翅的网状薄层结构；D. 蝼蛄覆翅的微毛形态

按耦联的具体方式分，蝼蛄挖掘功能的耦合实现为动态耦合，在运动中达到功能的实现；耐磨功能的实现在各个部位如前足、前胸背板和覆翅为静态耦合，是由物性耦元这样的静态耦元耦合实现；而各个部位之间的相互耦合为方位耦合。

蝼蛄在挖掘土壤的运动过程中，各足之间运动关系的耦联为动态耦联；使蝼蛄各部分实现耐磨功能的耦元之间的耦联为静态耦联，各部分组合在一起的耦联为方位耦联。

3.3.4 寻求生物耦合功能实现模式

从生物功能与生物耦合（耦元+耦联）关系，以及耦合的运动规律、作用方式出发，寻求生物功能得以实际展现并取得成效的模式。

例如，蝼蛄挖掘功能的实现模式为非完全均衡并行式，即前足、中足、后足及体节在挖掘运动中的作用方式不同，耦合体功能的实现是通过相互之间的复合实现的，即复合式非完全均衡并行实现。这是由于挖掘运动时耦元同时进行耦合功能实现，但不同的足和体节采取不同的实现方式，且缺一不可。

蝼蛄耐磨功能的实现模式为组合式非完全均衡并行式，这是由于在土壤中前行时，系统中不同部位同时进行生物耦合功能的实现，且不同部分各自可分别看作一个耦合，如蝼蛄前足爪趾是一个耦合，有其独特的耐磨实现方式，覆翅和前胸背板是一个耦合，系统中两个耦合可以方位关系有机组合，实现耐磨功能。

其中，挖掘功能实现为动态耦合，耐磨功能是在挖掘功能实现的同时具有的一种静态耦合，属于动态耦合。

3.3.5 揭示生物耦合功能机理

用实验研究（观察、测试、实验等）和理论研究（数学建模、模拟仿真）相结合的方法，分析生物耦合类型及其与生物功能和环境因子间的关系，揭示生物体不同层级的形态、结构及材料等耦元相互耦合而发挥功能作用的机理与规律。

例如，蝼蛄耐磨功能的实现是由于具有减小磨损的体表形态、身体结构及构成材料。蝼蛄前足与土壤间的作用为主动性的挖掘，前胸背板与覆翅被动地受到来自土壤的冲击和摩擦。这三部分分别形成了三个耦合：蝼蛄前足耐受土壤磨损的功能是由爪上相互配合的结构、爪各结构单元有利于楔土（蝼蛄挖土的方式）与减小应力集中的构型和爪表面的刚毛形态耦合在一起共同实现的；前胸背板耐土壤冲击磨损的功能是由其表面具有柔性的刚毛形态、垂直分层的组织结构和由硬到软的构成成分耦合实现的；覆翅耐土壤冲击磨损的功能是由质轻且具有足够强度的网状薄层结构、由硬到软的分层结构及翅表面的微毛形态耦合实现的。

3.3.6 建立生物耦合模型

利用相应的技术手段量化生物耦合信息，建立关于生物功能与耦元、耦联及其实现模式间的物理模型，并进一步运用数学语言进行抽象表述，使之成为具有普遍意义的数学模型，这是耦合仿生研究的基础。

生物耦合模型可以取各种不同的形式，按照模型的表现形式可以将其分为生物耦合物理模型、生物耦合数学模型、生物耦合结构模型和生物耦合仿真模型等。

3.3.6.1 生物耦合物理模型

将研究所得的生物耦合信息进行加工、简化，把生物耦合研究对象信息进行抽象化而构建出的实体模型，即为生物耦合物理模型。

例如，长耳鸮体表耦合具有吸声降噪特性，长耳鸮体表覆羽、绒毛、真皮层、空腔及皮下组织共同作用，构成多层次的形态与结构相互耦合的吸声降噪体系。长耳鸮体表覆羽层柔软蓬松，单根羽毛上羽枝沿羽轴相互松散扣合，且覆羽和皮肤表面之间分布有很密实的绒毛，羽毛间存在比较均匀的大量相互连通的空气缝隙。因此，长耳鸮通过体表覆羽、绒毛、真皮层、空腔及皮下组织的耦合作用，构成多孔形态和多层次特殊结构。长耳鸮飞行时，声波产生的振动引起覆羽、绒毛及真皮层的小孔或间隙内的空气运动而造成空气和孔壁的摩擦，靠近孔壁和纤维表面的空气受孔壁的影响不易流动，因摩擦和黏滞力的作用，相当一部分声能转化为热能，从而使声波衰减，反射声减弱，起到吸声降噪的作用。通过分析长耳鸮体表耦合所形成的吸声降噪耦合特性，建立其物理模型，即长耳鸮体表覆羽和绒毛层可类比微缝板（微缝板具有吸声特性），长耳鸮皮肤真皮层与皮下空腔可类比为柔性微缝板与空腔。通过将长耳鸮体表耦合信息与工程微缝板吸声特性信息相类比并结合，建立长耳鸮体表生物耦合类比物理模型[8]，如图3-14所示。

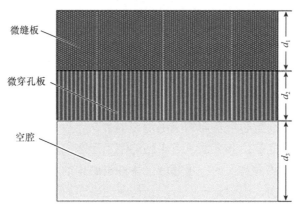

图 3-14　长耳鸮体表生物耦合吸声物理模型

3.3.6.2　生物耦合数学模型

将提取的生物耦合信息，运用适当的数学工具描述，得到的数学结构即为生物耦合数学模型。

例如，根据微穿孔板吸声结构精确理论，针对长耳鸮的胸部皮肤和覆羽耦合特征，对耦合模型的吸声性能进行分析，建立如下的吸声生物耦合数学模型。

微穿孔板声阻抗率表示为

$$Z_1 = R_1 + j\omega M_1 = \rho_0 c_0 \left(r_1 + j\omega m_1 \right) \tag{3-1}$$

式（3-1）中，$r_1 = \dfrac{0.147t}{pd^2}k_{r1}$，$k_{r1} = \left(1 + \dfrac{k_1^2}{32}\right)^{1/2} + \dfrac{\sqrt{2}}{8}\dfrac{k_1 d_1}{t}$，$m_1 = \dfrac{0.294\times10^{-3}t}{p}k_{m1}$，

$k_{m1} = 1 + \left(9 + \dfrac{k_1^2}{2}\right)^{-1/2} + 0.85\dfrac{d_1}{t}$，$k_1 = d_1\sqrt{f_0/10}$，$d_1$ 为微穿孔直径，f_0 为入射声波频率；

t 为微穿孔板厚度；p 为穿孔总面积占全板的百分比；ρ_0 为空气密度；c_0 为声速；

ω 为声波角频率。

微缝板吸声特性与微穿孔板相似，其声阻抗率为

$$Z_2 = R_2 + j\omega M_2 = \frac{12\eta t}{d_2^{\ 2}}\sqrt{1 + \frac{k_2^{\ 2}}{18}} + j\omega\rho_0 t\left(1 + \sqrt{25 + 2k_2^{\ 2}}\right) \tag{3-2}$$

式（3-2）中，$k_2 = d_2\sqrt{f_0\big/10}$，$d_2$ 为微缝宽，f_0 为入射声波频率；t 为板厚；$\rho_0 c_0$ 为空气的特性阻抗，ρ_0 为空气密度；c_0 为声速；η 为空气的黏滞系数（在 15℃ 下为 $1.86 \times (10)^{-5} \mathrm{kg/m}^3$）。

微穿孔板层后的薄空腔声阻抗率为

$$Z_D = -jctg\,\omega D\big/c_0 \tag{3-3}$$

式（3-3）中，D 为空腔深度，c_0 为声速。

生物耦合吸声结构可看作由微缝板、微穿孔板和板后空腔串联形成，其声阻抗率为

$$Z_b = Z_1 + Z_2 + Z_D \tag{3-4}$$

耦合吸声结构的相对声阻抗率为

$$Z_b = \frac{Z_b}{\rho_0 c_0} = r_b + j\omega m_b \tag{3-5}$$

式（3-5）中，$r_b = \dfrac{0.147t}{\rho d^2}\left[\left(1 + \dfrac{k_1^{\ 2}}{32}\right)^{1/2} + \dfrac{\sqrt{2}}{8}\dfrac{k_1 d_1}{t}\right] + \dfrac{12\eta t}{\rho_0 c_0 d^2}\sqrt{1 + \dfrac{k_2^{\ 2}}{18}}$，

$m_b = \dfrac{0.294 \times 10^{-3} t}{p}\left[1 + \left(9 + \dfrac{k_1^{\ 2}}{2}\right)^{-1/2} + 0.85\dfrac{d_1}{t}\right] + \dfrac{t\left(1 + \sqrt{25 + 2k_2^{\ 2}}\right)}{c_0} - \dfrac{ctg\,\omega D}{\rho_0 c_0^2}$，$r_b$ 和 ωm_b 分别表示相对声阻率及声抗率，由材料及微穿孔板和微缝板尺寸参数确定。

基于以上声阻抗率的计算方法[公式（3-1）～公式（3-5）]，耦合吸声结构在声波垂直入射时的吸声系数的计算公式为

$$\alpha = \frac{4r_b}{(1 + r_b)^2 + \left[\omega m_b - ctg\left(\dfrac{\omega D}{c}\right)^2\right]} \tag{3-6}$$

3.3.6.3　生物耦合结构模型

在生物耦合中，耦元间只有通过一定的耦联方式相互连接，才能展现出特定的生物功能。有效、合适的耦联方式可以使耦元的功能得到有效发挥。因此，揭

示出耦合体系的耦联方式，根据耦元相关性，把复杂、多样的耦联方式转化为直观的结构关系，构建出的模型即为生物耦合结构模型。

生物色分为化学色和结构色，结构色是生物体亚显微结构所导致的一种光学效果。例如，通过对蝴蝶鳞片微观结构的观察与分析，以及对鳞片表面形态与横截面结构建模，发现蝴蝶结构色鳞片是具有周期性分布的多层薄膜耦合纳米结构。尽管不同颜色鳞片的多层膜结构形态、尺寸不同，但都由几丁质层和空气介质层交替规律分布组成。基于此，建立的蝴蝶翅变色耦合结构模型如图3-15所示。图3-15A所示为凹坑形多层膜结构，表面规律分布凹坑形单元体（耦元），横截面呈周期性角度变化的层状多层薄片层结构（耦元）。图3-15B所示为棱纹形多层膜结构，表面周期性分布塔状单元体（耦元），横截面呈周期性平行多层薄片层结构（耦元）[9]。

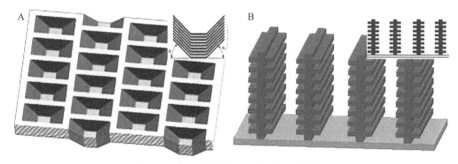

图 3-15　蝴蝶鳞片多层膜耦合结构模型
A. 凹坑形多层膜结构；B. 棱纹形多层膜结构

3.3.6.4　生物耦合仿真模型

将生物耦合信息用适当的计算机程序描述和表达出的模型即为生物耦合仿真模型。在构建生物耦合仿真模型时，按照生物耦合信息，构建出生物耦合物理模型、数学模型或结构模型，是建立生物耦合仿真模型的基础环节。然后，将已建立的生物耦合物理、数学或结构模型转化成适合计算机处理的形式，对其进行仿真分析。当所研究的系统造价昂贵、实验的危险性大、实验难以控制、生物模本取样困难或需要很长的时间才能了解生物系统参数变化所引起的后果时，建立仿真模型进行仿生分析是一种特别有效的研究手段。

例如，通过长耳鸮体表生物耦合类比物理模型建立仿真模型，经仿真分析得知，耦合吸声体系具有良好的声波削弱作用，在声反射面处的声压分布与耦合吸声结构关系紧密，经耦合吸声结构吸收后反射回的声波的声压明显降低。从图3-16可以看出，不同频段的声波反射后的声压级图颜色显示不同，耦合吸声结构对高频段的声波吸收能力较强，而对低频段声波也具有一定的吸声性能[8]。

对生物耦合体系建立仿真模型，进行仿真分析，可以快速、有效地分析其与环境介质相互作用时所展现的功能特性，从而方便寻找最优的仿生耦合设计方案。

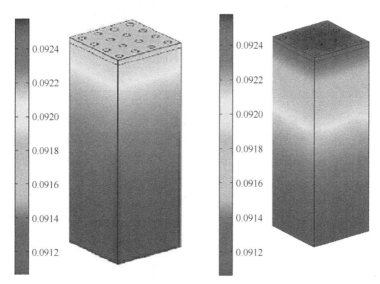

图 3-16　长耳鸮体表生物耦合仿真模型（彩图请扫封底二维码）

仿生学研究内容广泛，所涉及的仿生信息处理方法也多种多样，每个仿生学分支学科也都有其常规的与特殊的信息处理方法。运用适当合理的信息处理方法能更便利地剖析更深层次的模本机理。与此同时，对仿生模本的研究也会催生一些新的信息处理方法。

参 考 文 献

[1] 任露泉, 梁云虹. 耦合仿生学. 北京: 科学出版社, 2012.

[2] 柴中林. 关于植物叶序分布规律的斐波那契-卢卡斯序列的解. 中国计量学院学报, 2002, 3: 210-213.

[3] Gediminas L, Matthias F, David C, Virginie F, Leo G, Angela H, Frank J, Wolfgang M, Annette M, Steffi G R H, Martin S, Klara S, Vogler C, Michael W, Steffen W, Papassotiropoulos A, de Quervain J F D. Computational dissection of human episodic memory reveals mental process-specific genetic profiles. PNAS, 2015, 10: E4939-4948.

[4] Han Z W, Mu Z Z, Li B, Niu S C, Zhang J Q, Ren L Q. A high-transmission, multiple antireflective surface inspired from bilayer 3D ultrafine hierarchical structures in butterfly wing scales. Small, 2016, 12(6): 713-720.

[5] Ren L Q, Liang Y H. Biological couplings: classification and characteristic rules. Sci China Ser E-Tech Sci, 2009, 52(10): 2791-2800.

[6] 王晓俊. 蛾翅膀表面疏水性能研究及仿生材料的制备. 长春: 吉林大学博士学位论文, 2012.

[7] 张琰. 东方蝼蛄耦合特性、运动学建模及其功能仿生研究. 长春: 吉林大学博士学位论文, 2011.

[8] 孙少明. 风机气动噪声控制耦合仿生研究. 长春: 吉林大学博士学位论文, 2008.

[9] 邱兆美. 蝴蝶鳞片微观耦合结构及其光学性能与仿生研究. 长春: 吉林大学博士学位论文, 2008.

第4章 材料仿生设计

4.1 仿生材料定义

仿生学在材料科学中的分支称为仿生材料学，它是从分子水平上研究生物材料的结构特点、构效关系，仿照生命系统的运行模式和生物材料的结构规律而设计制造人工材料的一门新兴学科，是化学、材料学、生物学、物理学等学科的交叉。

仿生材料（biomimetic materials）是指受生物启发或者模仿生物的各种特性而研制或开发的一类材料，如人造蜘蛛丝、人造革、合成革、人造纤维、人工骨等。天然生物材料往往具有适应其环境及功能需要的超分子结构，能够表现出优异的强韧性、功能适应性及损伤愈合能力。这些特有的结构和性能是传统人工合成材料无法比拟的。例如，电鳗的发电器主要由蛋白质组装而成，瞬间可以发出 800V 的电压，但并不是由金属等导电材料构成的；蜘蛛丝是在常温常压下形成的不溶性蛋白质纤维束，是世界上最坚韧的纤维材料，其强度至少是钢的 5 倍，弹性为尼龙的 2 倍。生物系统产生材料的过程准确、精巧、奇妙、完美，令材料学家叹为观止，给了人们更多想象和思考的空间。然而，目前运用人工合成方法还无法在常温条件下得到如此高性能、高智能的材料。因此，仿生材料是材料科学与工程研究的重要发展方向之一。近十几年来，模仿自然界中的生物结构，如海洋生物中贝壳的构造、蜘蛛丝及植物表面的超微纳米结构等，研发仿生材料已成为当前世界各国新材料研究的热点。

4.2 仿生材料设计研究内容

仿生材料的研究范围非常广泛，包括生物材料的成分和微结构、形成机理、结构和过程的相互关系，以便指导材料的设计、合成与加工。通过对生物材料的物理和化学分析，探索其结构的设计和性能，直接制备与生物相似的结构或形态的人工材料来替代天然材料；或者直接模仿生物的独特功能，以获取人们所需要的新材料；或者采用过程仿生的组装行为，制备结构与功能仿生的超分子仿生材料与微系统；或者模拟生物体实现多功能的集成与关联，制备智能材料或分子机器。此外，随着材料科学与生命科学的交叉渗透，现代仿生材料的研究领域已远远超出了传统材料的研究范围，涉及生物合成、蛋白质和基因工程等多种生物技术。

目前，仿生材料研究的热点主要包括以下几方面。

（1）仿生工程材料　　自然界中存在具有优异结构特性的天然材料，对其进行仿生及优化，可为高性能仿生工程材料的发展提供新的思路。例如，蜂窝型结构材料不仅具有优异的力学性能，还可大幅降低材料的质量，获得轻质高强的优异性能。仿生结构及其功能材料对高新技术的发展起着重要的推动和支撑作用，在航空、航天、国防等领域具有广阔的应用前景。

（2）仿生医用材料　　例如，通过支架材料和种子细胞的复合生长，来修复组织缺损甚至实现整个器官的移植。目前国际上用于组织修复与替代的仿生骨、仿生皮肤、仿生肌腱和仿生血管，以及人工心脏、人工肾、人工肝、人工胰和人工血液等的研究十分活跃。

（3）仿生智能材料　　近年来，对于如何实现材料本身具有的自诊断、自适应和自修复能力，特别是在高分子材料的仿生自修复机理方面，已有可喜的研究成果。预计未来飞机将会有自动适应的智能翼面，使飞机更像鸟类，可以自如灵活地飞翔。

仿生思想为现代材料科学的发展提供了无限创新空间和可能。经过亿万年进化形成的生物体往往已形成最优化的结构，以其为参照，在不同层次和水平上，从微观到宏观，围绕材料的设计、合成方法、加工技术到材料的应用，仿生技术的采用可以大大节省能源和资源，有利于实现材料体系的自愈合化、智能化、环境友好化和高效化，为材料的制备和应用带来革命性的进步，极大地改变人类社会的面貌。当然，迄今为止，仿生材料未开拓的领域还非常多，但我们有理由相信，这些问题的研究将极大地促进仿生材料的开发和应用。

4.3　仿生工程材料设计

4.3.1　仿生工程材料定义及分类

仿生工程材料是指模仿自然界中生物的功能、结构、特性等为工程领域制备出的新型材料，按照功能不同，仿生工程材料主要分为防污材料、超滑材料、超疏水材料、高强韧材料、轻质材料等。

4.3.2　仿鲨鱼皮防污材料

4.3.2.1　仿鲨鱼皮防污材料表面特性及其工程应用领域

对仿鲨鱼皮表面的研究始于其在减阻中的应用。图 4-1 为不同种类鲨鱼及其表皮微观结构照片。鲨鱼表皮为仿生减阻、防污等表面研究提供了丰富的构形资源,但以较低的制备成本大面积制造具有较佳减阻效果的微观结构表面,仍是尚未解决的难题[1]。

鲨鱼皮试样扫描电镜形貌

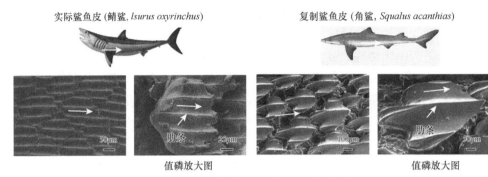

图 4-1　不同种类鲨鱼及其表皮微观结构

目前,鲨鱼皮微观结构的仿生材料的应用领域主要有以下几个方面。

(1)交通运输　　国外科研学者将微肋条薄膜结构应用在飞机机翼表面,在较低雷诺数的情况下,较光滑机翼阻力减小。德国研究人员开发出一种"仿鲨鱼皮漆",使用该仿生漆的大型货轮可节约大量油耗。美国国家航空航天局将仿鲨鱼皮的肋条结构应用于飞行器和船舶表面以减少阻力。在 NACA0012 飞机的表面贴上 V 形沟槽膜后,阻力减小了 6.6%。中国香港国泰航空有限公司的飞机机身上也贴覆有仿鲨鱼皮薄膜。同时,这一肋条减阻原理也成功地应用于美国"星条旗"帆船比赛中。

(2)竞技泳衣　　得益于从鲨鱼皮得到的灵感,SPEEDO 公司研发出了仿鲨鱼皮的泳衣,并在 2000 年悉尼奥运会上创造了奇迹。2004 年,该公司在雅典奥运会上又推出了"鲨鱼皮"第二代产品——FASTSKIN FS II 泳衣。泳衣具有类鲨鱼皮的形状和质地,通过减少与水流的摩擦力实现快速游动。目前,该款泳衣的最新产品第五代鲨鱼皮泳衣也已经开始公开发售。

(3)管道运输　　国内学者将仿鲨鱼皮材料运用于管道运输。内壁贴有仿鲨鱼皮的管道,其受到的阻力比普通管道减小了 8%。因此若将此技术运用于水、油、气输送管道工程,节约的总费用将不可估量。

(4)海底探测　　在目前陆地资源越来越稀缺的情况下,约占地球面积 71%的海洋为人们提供了广阔的探索空间。各国都竞相开展海底探测计划,进行深海新资源勘探开发、环境预测、防震减灾等研究。将仿鲨鱼皮材料贴附在水下探测器表面,可以减小阻力、增强机动性,有利于海底探测活动的顺利进行。

(5)表面防污　　终日生活在海水中的鲨鱼,由于其表皮具有特殊结构可不被任何海洋生物附着，且在捕食时动作非常迅速。鲨鱼表皮上的微小鳞片排列有序，表面比较光滑。另外，鲨鱼表皮本身分泌黏液，形成亲水低表面能表面，使得海洋生物无法附着其上。我国研制出了一种仿鲨鱼薄膜，将其应用于舰船表面可显著减少海洋生物的附着量；而且当舰船达到一定速率时，甚至可帮助舰船实现海洋生物零附着。

4.3.2.2 鲨鱼皮防污理论研究

鲨鱼皮防污是两个因素共同作用的结果，一是鲨鱼一刻不停地高速游动而产生的水流冲刷效应；二是表面肋条结构所产生的附着点效应和减阻效应。

在实际流体流经物体（固体）表面时，固体边界上的流体质点必然黏附在固体表面边界上，与边界没有相对运动。不管流动的雷诺数多大，固体边界上流体质点的速率必为零，当固体边界外方向上的流速从零迅速增大，在边界附近的流体区存在着相当大的流速梯度[2]。在这个流体区内流体黏性的作用不能忽略，而在边界以外的流区，其黏性作用可以忽略。

在边界层内的流动状态有两种：层流和湍流。鲨鱼在水中的游动可以看作流体力学中的绕流运动，其受到的绕流阻力由压差阻力（又称形状阻力，是由于边界层分离，在鲨鱼尾部旋涡区形成的压强较鲨鱼头部低，因而在流动方向上产生压强差，形成作用于鲨鱼的阻力）和摩擦阻力（由水的黏性所引起，它是作用在鲨鱼表皮上的切向力）构成。一般来讲，层流边界层产生的摩擦阻力比湍流边界层小，为了减小摩擦阻力，应使物体表面上的层流边界层尽可能长，并且表面较为光滑。要减小压差阻力，必须使物体后面的旋涡区尽可能小，因此物体的外形要呈平滑流线型。而鲨鱼表皮是肋条结构却能减阻脱附，这是鲨鱼在高速运动时，表皮的边界层较早地由层流变成湍流，使其能够保持紧贴鲨鱼表皮，以致压差阻力明显减小，因而鲨鱼的绕流阻力也随之减小。在高速流体流动状况下，光滑平板表面湍流边界层中的压力和速率存在着严重的不均匀分布，导致流体阻力增加和动量交换损失；相反，仿鲨鱼皮盾鳞肋条结构的沟槽表面能改善流经它的湍流边界层的流体结构和流动状态，因而较光滑，表面具有更好的减阻效果。在水流的冲刷及凹槽的导流作用下，附着不牢固的藻类易被冲刷出来。海洋附着生物的附着点需要跨越多个鳞片，若凸起与凹槽的高度与宽度比例合适，会使得海洋附着生物的附着点不能深入凹槽而跨在几个凹槽上，形成类似于"桥"的结构，从而造成海洋附着生物附着的不牢固，易于除去。

4.3.2.3 防污表面设计与制备

随着人们对鲨鱼皮表面在防污、减阻中作用的认识不断加深，对仿鲨鱼皮表面的制备技术也不断发展。尽管现有报道的方法很多,但制备的思路多基于以鲨鱼皮为模板,制备与鲨鱼表皮形貌相反的负模,之后以所获得的仿鲨鱼皮负模为模板,制备与鲨鱼皮表面特征相似的仿鲨鱼皮表面。目前,仿鲨鱼皮表面的制备方法主要有微电铸方法、PDMS 弹性印章翻模法、紫外固化法等。

1. 微电铸方法

近年来,在继承传统电铸工艺的基础上,形成了一种非硅基微细结构加工的重要技术——微电铸技术。微电铸技术具有微小复杂结构成型、批量生产和制造精度高的特点。各种精密复杂、微小细致或制作成本很高的难以用传统方法获得的结构都可用微电铸技术制作。微电铸技术与传统电铸技术有着相同的原理和相似的工艺过程,但由于该项技术广泛用于制作微器件或微结构,更多地涉及微米级尺度的问题,与传统的宏观电铸有着显著的差别。

鉴于其在制作微尺度结构、形貌上的优势,微电铸技术常被用于制备仿鲨鱼皮表面。鲨鱼皮微电铸生物复制成型过程包括导电层沉积、金属层沉积、脱模得到微电铸模板、复型翻模获得仿鲨鱼皮表面 4 个步骤[3](图 4-2)。

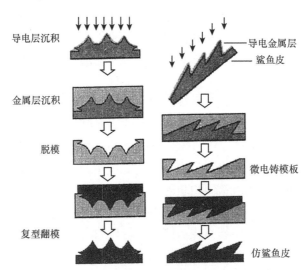

图 4-2　鲨鱼皮微电铸生物复制成型工艺简图

2. PDMS 弹性印章翻模法

PDMS 弹性印章翻模法是以真实的海洋生物鲨鱼的表皮作为天然模板,选择低表面能液态硅橡胶作为复型模具材料,将鲨鱼皮表面微结构印模到 PDMS 材料上制得与鲨鱼表皮立体形貌相反的负模,利用负模引导各种材料固化成型,从而获得与自然生物表面相似的微结构材料表面。

该方法具体步骤和过程如图 4-3 所示。具体为将混合均匀的有机硅模具胶浇注在鲨鱼皮上，抽真空脱气；室温固化后脱模，即得到与鲨鱼皮表面微结构空间相反的 PDMS 负模；然后，将此模具置于三甲基氯硅烷之上，待三甲基氯硅烷挥发蒸镀到 PDMS 负模模具表面，钝化处理得到表面不具有反应性的负模。将选择的可流动高分子物料浇注到负模中，经抽真空脱气、固化、脱模，即可制得以所选择的高分子为基材的、具有仿鲨鱼皮表面微结构的表面。

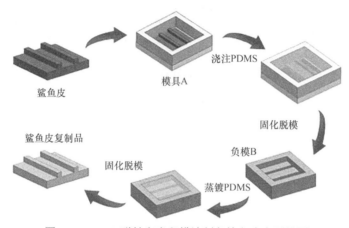

图 4-3　PDMS 弹性印章翻模法制备鲨鱼皮表面简图

图 4-4 为真实的鲨鱼皮及采用 PDMS 弹性印章翻模法获得的仿鲨鱼皮表面的扫描电镜照片。由图可以看出，采用该方法制作的仿鲨鱼皮表面呈现出与鲨鱼皮相似的微观结构。

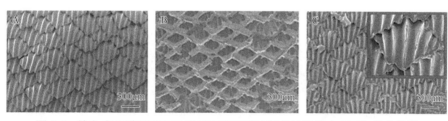

图 4-4　鲨鱼皮及采用 PDMS 弹性印章翻模法制备的鲨鱼皮表面扫描电镜图
A. 真实的鲨鱼皮；B. PDMS 负模板；C. 仿鲨鱼皮表面

3. 紫外固化法

紫外固化法也是仿鲨鱼皮常用的制备方法之一。鲨鱼皮的前处理过程与其他方法类似，在此不做过多介绍。软负模是以处理后的鲨鱼皮作为模板通过软印刷的方式获得，具体如图 4-5 所示。

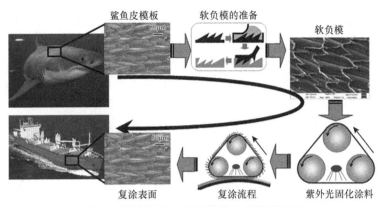

鲨鱼皮模板　软负模的准备　　软负模

复涂表面　复涂流程　紫外光固化涂料

图 4-5　紫外固化法制备仿鲨鱼皮表面简图

　　采用紫外固化法，以鲨鱼皮表面为模板，获得了仿鲨鱼皮表面。并在此基础上对比了其与平整光滑表面、微沟槽表面的防污性能，具体采用硅藻作为模式生物进行评价。在静态环境中，与光滑表面相比，硅藻在微沟槽表面附着量降低至50%，在仿鲨鱼皮表面附着量则降低至4%。另外，在动态环境中，与光滑表面相比，微沟槽表面硅藻的附着量降低至 35%，而仿鲨鱼皮表面附着量降低至 2%。结果表明，仿鲨鱼皮表面可以有效抑制生物污损。尽管本实验结果证实仿鲨鱼皮表面比微沟槽简化仿生表面表现出更优异的防硅藻附着性能，但并不能说明仿鲨鱼皮表面能比微沟槽简化仿生表面表现出更优异的防污性能。另外，有些实验研究发现，仿鲨鱼皮表面并不能防止生物污损，这可能与其微结构尺寸及附着生物种类有关。另外，研究发现，对于微沟槽简化仿生表面而言，通过对微沟槽结构的调控可以实现对其防污性能的优化。

4.3.3 仿猪笼草超滑材料

4.3.3.1 仿猪笼草超滑材料特性及其工程应用领域

　　猪笼草是猪笼草属全体物种的总称，属于热带食虫植物，原产地主要为旧大陆热带地区。其拥有一个独特的吸取营养的器官——捕虫笼。捕虫笼呈圆筒形，下半部稍膨大，笼口上具有盖子，因其形状像猪笼而得名。猪笼草叶的构造非常复杂，可分为叶柄、叶身和卷须。卷须尾部扩大并反卷形成瓶状，可捕食昆虫。猪笼草具有总状花序，开绿色或紫色小花，叶顶的囊状体是捕食昆虫的工具。囊状体的瓶盖腹面能分泌香味，引诱昆虫。瓶口光滑，昆虫会滑落囊内，被囊底分泌的液体分解，虫体营养物质逐渐被消化吸收。

　　捕虫笼的作用是"捕食"昆虫以作为自身营养的补充。捕虫笼的"捕食"策略首先是分泌蜜液等芳香物质吸引昆虫进入其开口处。捕虫笼的内表面覆盖有一层蜡状物质（图 4-6），表面极其湿滑，摩擦系数很小。昆虫一旦落入捕虫笼，将无法从湿滑的表面上爬出，最终在捕虫笼中被这种植物分泌的消化液消化掉。猪笼草的这种独特的捕食行为得益于捕虫笼内壁特殊的结构，捕虫笼表面的蜡状黏液稳定存在于基底之上，黏液本身又具有疏水和疏油的双疏特性。因此，即使昆虫腿部表面有蜡状物质，也无法在捕虫笼的内壁立足，而是直接滑落到底部，难逃被"吃掉"的命运[4]。

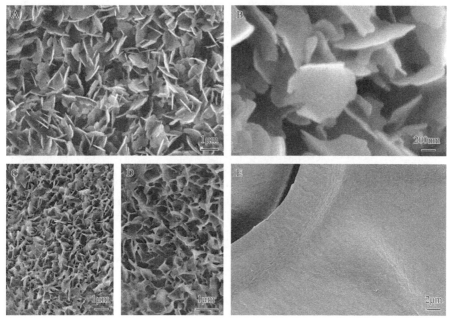

图 4-6　猪笼草 *Nepenthes alata* 的捕虫器官蜡晶体微观结构

A、B. 表面角质层蜡晶体微观结构；C、D. 底层角质层蜡晶体微观结构；E. 移除蜡晶体后表面微观结构

目前超滑表面仿生材料的应用领域主要包括以下几个方面。

（1）自清洁领域　　超滑表面以流动的润滑油层作为接触液滴的界面，液体不与固体结构直接接触，形成了特殊的液-液状态，液滴漂浮在润滑油表面，只需要一个很小的角度便能滑动滴落，同时带落附着其上的灰尘沙砾，有效防止表面污损粘连。另外，由于润滑油不与绝大多数液体相溶，故可以排斥诸如咖啡、酱油、食用油、红酒等绝大多数污染物，起到隔绝液体污染物的作用。以钢为基底构造的超滑表面经实验证明，其表面能够有效防止煤油、己烷及咖啡等低表面能液体的浸润。同时，还证明了不同液体在超滑表面的滑动速度与运动黏度系数成反比，而与液体的表面能、自重或者接触角无关。利用溶胶-凝胶法在纳米复合材料表面构造出粗糙结构，发现不管是氯化铜等可溶物还是灰尘等不溶于水的杂质，都能在超滑表面被滚落的水滴带落。

（2）抑菌领域　超滑表面通过降低表面粗糙度，减小摩擦力的方法让细菌或藻类无处附着，减少了微生物的大规模繁殖。Epstein 及其团队率先研究了超滑表面的抑菌特性。由于润滑油层的存在，超滑表面表现出了持续的动态特性，细菌微生物无法黏附其上，从而失去了大量繁殖形成菌落的可能，达到了抑菌效果。通过系统研究微米结构、纳米结构、微纳复合结构对超滑效果的影响，结果证明了均匀排布、起伏平缓的微米级结构在铝表面能构建出最稳定的超滑表面。通过探索在动静态海水环境下超滑表面的抗藻能力，发现由于水流剪切力的存在，藻类无法依附于光滑平整的铝片表面，从而达到了防止生物淤积的目的。

（3）防冰冻霜冻领域　超滑表面由于具有低表面能、低粗糙度及化学均相的特性，一方面能够降低过冷水的成核温度，另一方面能够减少各类粉尘及微生物的附着，从本质上减少了冰核的形成。因而降低了冰在高湿度环境下生成的速率，提高了冰冻附着的难度，从防凝核和防附着两方面保证了抗冰霜的效果。利用激光打印法可在铝片表面构造出粗糙结构，使用倒膜法在 PDMS 上制备超滑表面，实验表明，同在微米级的粗糙度下，润滑油含量越高，防结冰性能越好；与不做处理的 PDMS 薄膜相比，添加了质量分数为 15% 润滑油的超滑表面只需约 22% 的力便能剥离冰块；相对的，润滑油黏度越高（1000Pa·s），防冰冻能力越强，使用寿命越长。

（4）医疗领域　导尿管作为不可缺少的医疗器具，在临床治疗中被广泛使用。虽然导尿管经过严格的无菌消毒，但是在导尿过程中仍然有极大的概率会滋生细菌进而感染患者。可将导尿管进行超滑处理，利用碘或抗菌剂与聚乙烯吡咯烷酮（polyvinylpyrrolidone，PVP）结合制作超滑导尿管。实验表明，超滑导尿管对金黄色葡萄球菌和大肠杆菌的抑菌率高达 95% 以上，结合抗菌剂的超滑导尿管更能在三个月的使用中保持较高的抑菌率，且生物相容性好，不会刺激黏膜，没有明显的过敏反应。超滑表面还能应用于血栓的治疗。通过聚合物固化技术构造出超滑表面，在体外实验中，润滑油层牢牢抵御了蛋白液的渗透，血小板及不溶性纤维蛋白的附着率比对照组下降了 96%。

（5）调节透光率领域　通过层层自组装法分别制备仿蛾眼结构的多孔表面、仿荷叶效应的超疏水表面和仿猪笼草效应的超滑表面，实验表明超疏水表面和超滑表面有着最高的折射率，接近 1.23，与普通玻璃 91% 左右的透光率相比，超滑表面将透光率提高到了 97%，并且伴随防雾、防冰冻等特性。

4.3.3.2 仿生猪笼草表面制备原理

制备仿生猪笼草超滑表面必须满足三个条件：①润滑油必须能够渗透并稳定

存在于固相基底表面的微观结构中；②基底必须能被所注入的润滑油润湿，同时不易被其他液体取代；③润滑油不能与其他液体互溶。在实际制备过程中，第一个条件可以通过纳米制备技术获得具有多孔微观结构的粗糙表面，并在表面修饰一层亲润滑油的表面膜实现。所构建的具有多孔微观结构，可通过毛细作用使得润滑油稳定存在于表面。为了满足第二个条件，需要考虑固相基底和润滑油之间的匹配度。将固相表面被测试液体完全润湿时总的界面能设为 E_A，在固相表面覆盖一层润滑油，且将润滑油表面被测试液体完全润湿时总的界面能设为 E_1，固相表面仅被润滑油润湿时总的界面能设为 E_2。为了保证固相表面倾向于被润滑油填充而不是被测试液体取代，则必须同时满足 $\Delta E_1=E_A-E_1>0$ 及 $\Delta E_2=E_A-E_2>0$ 两个条件关系，上述关系可以用下式表示。

$$\Delta E_1 = R\left(\gamma_B \cos\theta_B - \gamma_A \cos\theta_A\right) - \gamma_{AB} > 0 \tag{4-1}$$

$$\Delta E_2 = R\left(\gamma_B \cos\theta_B - \gamma_A \cos\theta_A\right) + \gamma_A - \gamma_B > 0 \tag{4-2}$$

式中，γ_A 和 γ_B 分别为测试液体和润滑油的表面张力；γ_{AB} 则是测试液体和润滑油接触界面上的表面能；θ_A 和 θ_B 分别为测试液体和润滑油在固相表面上的本征接触角；R 为表面的粗糙度（真实的表面积和投影面积之比）。

　　与仿荷叶超疏水表面不同，仿猪笼草超滑表面对水的排斥性不体现在大的静态接触角上，而是在动态润湿性能上（极小的接触角滞后值和极小的滚动角）。超滑表面对液滴的运动阻力非常小，并且表面是均匀的，几乎没有缺陷。根据接触角滞后值和液滴的体积等参数得出，仿生超滑表面对液滴的运动阻力远小于荷叶表面（超疏水表面）。另外，超疏水表面和超滑表面的差异还体现在表面与液滴间的作用机理上，超疏水表面是通过减小表面张力使其尽量小于测试液滴的表面张力的方式来降低液滴的接触角滞后值。与此不同，超滑表面较小的液滴接触角滞后值是通过平滑的表面形貌实现的。

　　除了所呈现的低接触角滞后特性，超滑表面的另一特性就是其所呈现的自修复特性。当表面遭到摩擦或冲击造成表面状态（包括液相润滑油和固相的基底）破坏之后，流动的润滑油会因为表面张力的驱使，自发且迅速地从损伤部位的附近向损伤部位流动，并在很短的时间内将损伤部位重新填充，使之恢复原先平滑的状态。另外，超滑表面的自修复功能是可以重复实现的，经历多次损伤之后的破损处依旧能够自动愈合。

4.3.3.3　仿猪笼草表面制备方法

　　仿猪笼草的制备方法主要有阳极氧化法、层层自组装法、相分离技术等。

1. 阳极氧化法

阳极氧化技术是一种常见的表面处理技术，常用于铝、镁、钛等金属表面。以铝为例，铝的阳极氧化技术是在硫酸等电解液中，将铝和铝合金制品作为阳极，然后对其施加阳极电流进行电解，从而在其表面形成一层致密的膜。经过阳极氧化，铝表面能生成厚度为几微米至几百微米的氧化膜。此氧化膜的表面为多孔蜂窝状，较之铝合金天然形成的氧化膜，其耐蚀性、耐磨性均显著提高。此外，运用不同的工艺条件和电解液，就可以得到不同性质的阳极氧化膜。在铝的各种表面处理方法中，阳极氧化技术可以称得上是一种"万能"的方法。阳极氧化不仅改进和提高了铝合金的表面性能，如耐磨性、耐蚀性、表面硬度等，而且可以赋予表面各种颜色，大大提高铝合金的装饰性。近年来，随着科技的进步，铝制造水平和氧化技术的不断发展，阳极氧化膜的组织结构又产生了很多新的特性，作为材料的功能化应用已扩展到众多崭新的领域，如磁学、光学、光电学、分离膜及印刷电路板等。

2. 层层自组装法

层层自组装技术是以离子间的静电吸引力为成膜驱动力，通过功能性大分子层的交替沉积，形成具有导电功能、光活性及生物功能的复合多层薄膜。基于静电层层自组装方法获得超滑表面的制备过程如下。首先，采用等离子体处理等一系列表面处理方法对基体表面进行处理，获得具有负电荷的表面；将基体浸入到带有负电荷的聚电解质溶液——聚二烯丙基二甲基氯化铵中，此时表面组装上一层带正电荷的聚电解质膜；之后将该基体浸入到带负电的氧化硅纳米颗粒的溶液中，在静电作用下，表面会形成由聚电解质和氧化硅颗粒组成的复合膜。按照上述顺序，首先，在基体表面多次组装沉积，进而获得自组装杂化膜。然后，采用烧结等方法去除杂化膜上的有机物，并对氧化硅纳米颗粒表面进行活化，进而形成无序、多孔的氧化硅颗粒层。之后，采用含氟硅烷对氧化硅层表面进行修饰，并将含氟润滑油注入膜中，获得热力学稳定的超滑表面。

3. 相分离技术

由于组成物质的性质不同，在发生化学反应或固化成膜的过程中会形成异相穿插的结构，即出现相分离现象，这种现象常出现在聚合物体系中。采用非溶剂诱导相分离技术来制备偏氟乙烯-六氟丙烯共聚物膜（PVDF-HFP），在室温条件下，可在几分钟内完成。由于偏氟乙烯-六氟丙烯共聚物膜具有高的氟含量和低的表面自由能，因此对于超滑表面制备来说，不需要对表面进行另外的低表面能修饰。具体步骤为将偏氟乙烯-六氟丙烯共聚物和邻苯二甲酸二丁酯（DBP）加入到丙酮中，调节偏氟乙烯-六氟丙烯共聚物和邻苯二甲酸二丁酯的比例分别为 1∶0.5、1∶1、1∶2 和 1∶5，以研究该参数对膜结构的影响。溶液在 50℃的条件下搅拌 1h 后，在室温下老化超过 24h。将配好的偏氟乙烯共聚物和邻苯二甲酸二丁酯（DBP）混合溶液倾倒在玻璃表面，在室温条件下干燥。在此期间，偏氟乙烯-六氟丙烯共聚物和邻苯二甲酸二丁酯自然发生相分离。将所获得的膜层浸到乙醇中 1min 以上，以将多余的 DBP 溶解出来，并用空气吹干表面，来获得多孔的偏氟乙烯-六氟丙烯共聚物膜。之后将含氟润滑油注入偏氟乙烯-六氟丙烯共聚物多孔膜中，获得超滑表面膜。

4.3.4 仿荷叶超疏水材料

4.3.4.1 超疏水材料特性及其工程应用领域

目前，有关仿生材料的研究不仅仅限于水环境中的生物体表面，陆地上具有特殊润湿性的生物体表面也能成为仿生防污材料的研究对象，具有超疏水特性的荷叶表面就是典型的代表。"出淤泥而不染"是宋朝理学家周敦颐用于描述荷叶的千古名句。在现实中，当水滴滴到荷叶表面后，它会以近似球状的形态存在，而不会在荷叶表面铺展。当风吹过荷叶，水滴会从其表面滚落，在滚落的过程中，水珠会把荷叶表面的灰尘等污染物带走，从而保持荷叶表面的干净，这就是大家所说的自清洁功能，也被称为"荷叶效应"。

之所以说荷叶具有自清洁功能，是由于荷叶表面呈现超疏水状态。如图 4-7 所示，荷叶表面分布着大量的"突起"结构，这些"突起"结构底部平均直径为 5～10μm，顶部直径为 2～5μm，"突起"的高度为 10～15μm，"突起"间的距离为 5～30μm。这些"突起"上分布有大量蜡晶体，这种特殊结构赋予了荷叶表面超强的疏水能力。自然界中很多植物的表面具有超疏水特性，如芋头叶等[5]。

图 4-7 荷叶表面液滴及其微观结构

除植物外，很多动物也具有这种功能。例如，蝉和蝴蝶的翅膀就具有超疏水特性，它们通过振动翅膀就可以去除表面的灰尘，也可以保持其在雨中不被润湿。翅膀的这种性质同样来自于其微观结构特征。蝉翼表面由很多纳米级柱状物排列而成，正是这种特殊结构赋予了其超疏水特性。

目前超疏水材料应用领域主要包括以下几方面。

（1）大气腐蚀防护领域　　大气腐蚀是威胁金属设施安全服役的重要问题，开发新型高效的大气腐蚀防护材料是当前研究的重要方向。从大气腐蚀的机理看，液膜/滴的存在是发生大气腐蚀的重要前提，阻止液膜/滴在材料表面的形成是解决大气腐蚀问题的有效手段之一。超疏水表面可以有效阻止其表面液膜/滴的形成。液滴自弹跳现象是发生在特定超疏水表面上的一种自发行为，弹走的液滴能有效阻止表面液膜/滴的形成，进而可能对表面的大气腐蚀防护性能产生影响。

（2）防冰、霜、雾领域　　在结冰条件下，除去飞机表面的冰、霜、雪等污染物，是确保航空安全的基础。传统方法存在能耗大、效率低、环境污染等问题，其应用受到一定的限制。受启发于自然界"荷叶效应"的超疏水材料具有微纳米结构和低表面能特性，其在飞机除防冰领域有着广阔的应用前景。

（3）文物保护领域　　一种合格的文物保护材料不仅能够维持文物理化性能的完整性，而且能够保留其原真性，最大限度地保留文物的艺术价值和美学特征。目前，借鉴和"移植"材料学领域成熟的研究方法及材料是文物保护材料研发的常用手段。超疏水材料便具备了自清洁功能，表面流动的液态水能够在用该材料处理过的文物表面自发地带走附着的污物。这种特殊的性能对文物，尤其是露天文物的保护具有重要意义。

4.3.4.2 超疏水材料理论研究

润湿是液相介质在固相表面取代气相的过程，以水在金属表面润湿为例，当水滴到金属表面，水会逐渐取代金属表面的空气而在金属表面展开。

当液滴位于固体表面时，由三相共存点组成的接触线称为三相线。如图 4-8 所示，θ 为液相介质在固体表面的接触角，接触角与表面张力间的关系可以由 Young 方程来说明：

$$\cos\theta_Y = \frac{\gamma_{SV} - \gamma_{Sl}}{\gamma_{lV}} \tag{4-3}$$

式中，γ_{SV} 为固-气的界面张力；γ_{Sl} 为固-液的界面张力；γ_{lV} 为气-液的界面张力。

由方程可知，接触角的大小由各个界面的表面张力决定。若 $\gamma_{SV} - \gamma_{Sl} \geqslant \gamma_{lV}$，液滴将在固体表面铺展；若 $0 < \gamma_{SV} - \gamma_{Sl} < \gamma_{lV}$，则 $0 < \theta_Y < 90°$，此时固体表面将

被液体润湿；若 $\gamma_{SV} < \gamma_{IV}$，则 $90° < \theta_{Y} < 180°$，此时固体表面不能被液体润湿。

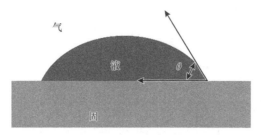

图 4-8　固体表面接触示意图

通常认为，固体表面水滴的静态接触角越大，其疏水性能越高。但在实际应用过程中，要考虑液滴在微小力作用下的运动情况，这就涉及表面润湿性的相关动态参数：动态接触角（前进角 θ_{a}、后退角 θ_{r} 和滚动角 α）。滚动角定义为一定质量的液相介质在倾斜固体表面开始滚动的临界角度。滚动角与前进角、后退角间存在如下关系。

$$F = mg\sin\alpha = W\gamma_{w}\left(\cos\theta_{r} - \cos\theta_{a}\right) \tag{4-4}$$

式中，F 为驱使液滴在固体表面移动的临界作用力，也是液滴周长 W 上单位长度的线性临界力；m 为液滴质量；g 为重力加速度；θ_{a} 和 θ_{r} 分别是液滴在该表面的前进角和后退角，固液界面扩展后测量的接触角（前进角）与在固液界面回缩后的测量值（后退角）存在差别，$\theta_{a} \geq \theta_{r}$，两者的差值称为接触角滞后值；$\alpha$ 值的大小常被用来表征固体表面接触角的滞后情况，α 值越小，固体表面的接触角滞后值就越小，液滴滚离固体表面的能力越强，反之亦然。

4.3.4.3　超疏水材料制备技术

通过对自然界荷叶表面结构、组成进行分析发现，低的表面自由能和合适的表面微观结构是固体表面产生超疏水性的两个前提条件。目前主要采用两种方法来实现超疏水表面的制备，即在低表面能物质表面构建粗糙结构，或在粗糙结构表面覆盖低表面能物质。对于金属基体上超疏水表面的制备及改性而言，主要采用第二种方法。

1. 电化学沉积法

电化学沉积是在外加电场的作用下，通过沉积液中的离子或分子在电极表面发生一系列的化学反应、电化学反应等过程，进而获得所需的材料。采用电沉积技术制备金属钴超疏水表面过程如下：实验在三电极体系中进行，工作电极为铜片，对电极为铂丝，参比电极选用饱和 KCl 作为内充液的甘汞电极（SCE）。将含

有前驱物金属盐 $CoCl_2$ 和 $0.1mol/L$ Na_2SO_4 的混合溶液作为电解质溶液进行电沉积，所有的电解液均由 Milli-Q 超纯水配制而成。

2. 化学气相沉积法

化学气相沉积法（chemical vapor deposition，CVD）是广泛应用的一种制备碳纳米材料的合成方法，又称为催化裂解法。碳纤维的生长需要铜等作为催化剂，因此在金属基底制备碳纤维超疏水表面过程中，首先需要在表面沉积催化剂，这是碳纤维生长的前提。主要通过两步法来赋予金属（以铜为例）表面碳纤维：①金属表面铜枝晶催化剂的制备是通过置换方法，使金属材料表面生长出金属枝晶（如金属铜）；②通过金属枝晶（如铜枝晶）的催化效应，利用化学气相沉积技术，使金属表面生成碳纤维。

3. 阳极氧化法

阳极氧化法是一种常用的铝及其合金表面处理方法。通过改变实验条件，实现对孔径、微观形貌等的控制。基于阳极氧化技术的超疏水膜制备过程包括电抛光、阳极氧化和表面疏水处理三个步骤。采用该方法制备的氧化铝膜经过全氟硅烷修饰得到的超疏水表面的 X 射线光电子能谱测试结果表明超疏水表面上的元素有 Al、C、O、F、Si 等。$Al_{2}p$ 高分辨谱显示 $Al_{2}p$ 轨道电子的结合能峰值在 74.2eV 处，这与 O—Al—O（Al_2O_3）键的结合能相吻合，说明阳极氧化处理后表面的主要产物是 Al_2O_3。$C_{1}s$ 的谱图有三个峰，分别是 292.7eV 处的—CF_3、290.7eV 处的—CF_2—和 284.1eV 处的 C—C。$F_{1}s$ 轨道高分辨谱中的峰值在 687.7eV 处，对应 F—C 键的结合能。另外，在 $Si_{2}p$ 的高分辨谱图的 101.6eV 处出现了一个很强的峰。这些结果说明硅烷分子键合到了氧化铝膜上，而整个结构的最外层主要被硅烷分子中的—CF_3 和—CF_2—所占据。这些基团的存在降低了氧化铝的表面能，改变了氧化铝表面的润湿性，这是构建超疏水表面的基础。

4.3.5 仿贝壳珍珠层高强超韧材料

4.3.5.1 贝壳珍珠层特性及其工程应用领域

贝壳珍珠层的优异性能主要源于其独特的"砖泥"结构，即以碳酸钙薄片为"砖"、有机质为"泥"组成的多层次结构，如图 4-9 所示。这种结构对于珍珠层的增韧有着重要的意义。首先，珍珠层的文石层能对裂纹有明显的偏转。裂纹先是沿着文石片层间的有机层扩展一段距离，然后发生偏转，穿过文石层，再一次偏转进入与之平行的另一有机层。这种裂纹的频繁偏转必然导致材料韧化和有机质的桥连。其次,有机质的桥连在贝壳珍珠层的增韧中也起到不可替代的作用。在珍珠层形变和断裂过程中,有机基体与相邻的文石层彼此黏合。在有机相与文石片之间存在着较强的界面,从而增大了相邻文石层之间的滑移阻力,也增强了纤维拔出的增韧效果[6]。

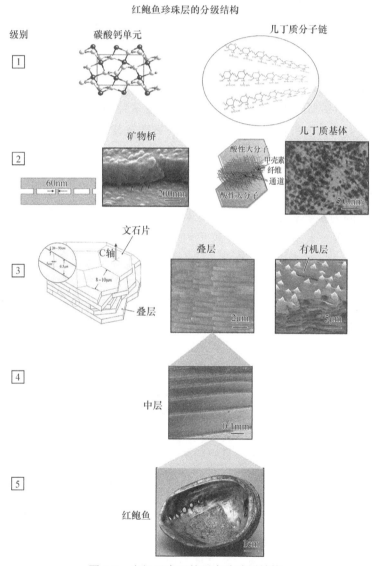

图 4-9　多级尺度下的贝壳珍珠层结构

贝壳具有独特的结构特征和特殊的力学、光学等特性,贝壳资源的研究利用主要集中在工艺品制造、医药卫生、农畜牧现代化生产、新型功能材料和生物材料研发、轻工业等领域。

（1）力学性能　　研究发现，珍珠层内部结构与人骨相似，是由有机质将纳米级颗粒状的无机矿物相互连接形成晶片状结构，其中有机质和无机质之间还具有桥状结构，最终形成具有良好力学特性的珍珠层。珍珠层文石结构具有多尺度、多层级"砖-墙"式的连接结构，也具有多级交错纹状结构，这些特征结构为贝壳提供了良好的韧性、较高的强度。同时，贝壳的硬度在不同部位表现出明显的各向异性，但是文石层并不像实际的砖块那样完全独立，而是在层与层之间通过矿物桥连接，通过实验可观测到文石层间矿物桥的存在，矿物桥在文石层表面的分布是不均匀的。研究表明，贝壳的力学特性主要受到裂纹偏转、纤维拔出（platelet pullout）及有机质桥接作用的影响。贝壳正是在多种因素、多维度的协同作用下，才表现出良好的力学特性。因此，充分了解贝壳及其产物的力学特性，有助于轻质高强仿贝壳材料及贝壳粉基建筑材料的开发。

（2）光学特性　　贝壳的光学特性主要是由贝壳的微结构对光线的反射、干涉、衍射及特征波谱的吸收特性产生的。珍珠层薄层对光的干涉及层与层之间、文石片晶之间的狭缝对光的衍射形成了晕彩，珍珠层表面的晕彩和伴色的颜色与珍珠层的厚度及变化有关，还与珍珠层内文石晶体的大小、形态、排列方式有关。贝壳的内表面有以碳酸钙为主的文石结构和少量的有机质成分，它们在一定的波谱区域有特征吸收峰。贝壳在傅里叶红外光谱中存在特征吸收峰，如绿贻贝珍珠质层的肌棱柱层均在波数值 $1650cm^{-1}$ 和 $1784cm^{-1}$ 处出现吸收峰，研究发现海水养殖的黑色和金色珍珠与淡水养殖的白色、紫色和粉色珍珠，均在其吸收光谱图中波长 280nm 处出现特征吸收峰，且在淡水及海水贝壳的内表面珍珠层的吸收光谱图的相同波长处也都能见到此吸收峰。对海洋中药饮片的研究发现，采用近红外光谱技术并结合主成分分析法可以很好地区分牡蛎、石决明、珍珠母。因此，充分了解贝壳及其产物的光学特性，有助于贝壳产品检测研究。

（3）吸附特性　　贝壳具有吸附特性是由于其结构组织相对疏松，孔隙直径相对较大，孔隙分布广而均匀；贝壳粉的表面较大，吸附效率高。基于以上结构特性，贝壳和以贝壳为基质的功能材料在一定条件下可以实现对原油、重金属、硫、染料、农药杀菌剂等的吸附去除。贝壳粉可以作为催化剂载体吸附原油。催化剂负载在贝壳粉表面较大的反应面积上，增大了自身与海面油污的接触面积，提高了催化吸附反应的反应效率。贝壳可以用于水处理领域，以贝壳作为羟基磷灰石的钙源可以吸附去除废水中的多种金属。贝壳燃烧后的产物可以用于脱硫处理，因其颗粒内部有更多的气孔表面参与脱硫反应，反应过程中气孔不易被脱硫产物阻塞，可以进行较完全的脱硫反应。此外，利用此特性，贝壳粉还可用于水处理、染料、农药残留处理等领域。

（4）生物相容性　　贝壳的生物相容性主要是基于有机质的生物活性组分。研究发现，贝壳有机质中存在着能够促进细胞成骨分化的信号因子，这些信号因子能够激活细胞碱性磷酸酶的活性，促进细胞成骨分化过程中某些特异性蛋白与基因的表达，诱导细胞体外矿化等，因而，珍珠层在体内环境中表现出良好的生物相容性。研究发现，将珍珠层植入羊股骨骨松质中并未发现有排异反应，这表明珍珠层与高等动物具有良好的生物相容性。以贻贝贝壳为原料制备无定型磷酸钙，结果表明无定型磷酸钙与量子点结合性良好。MTT 细胞毒性实验也表明无定型磷酸钙颗粒对成骨细胞不显示毒性，生物相容性良好。人骨髓基质细胞在珍珠层人骨材料上生长并分泌细胞基质，珍珠层-聚乳酸复合人工骨材料对骨髓基质细胞的增殖无明显影响，表现出良好的生物相容性。

4.3.5.2　层状结构材料增韧机理

珍珠层的硬度是普通文石的 2 倍，韧性是后者的 1000 倍。为了揭示其高韧性的根本原因，同时也为设计制备更优异的复合材料提供依据，许多研究小组对珍珠层的力学性能与其微结构之间的关系进行了探索。经过总结，贝壳珍珠层层状结构的主要增韧机理如下。

（1）裂纹偏转　　裂纹偏转（crack deflection）是珍珠层中最常见的一种裂纹扩展现象，尤其当裂纹垂直于文石层扩展时，这一现象更为明显。裂纹首先沿着文石片层间的有机层扩展一段距离，然后生偏转，穿过文石层，再一次偏转进入与之平行的另一有机层。这种裂纹的频繁偏转必然导致材料韧化，其主要有两个原因：首先，与直线扩展相比，裂纹的频繁偏转会造成扩展途径的延长，从而使吸收的断裂功增加；其次，当裂纹从一个应力状态有利的方向转向另一个应力状态不利的方向扩展时，扩展阻力明显增加，从而引起外力增加，使材料韧化。

（2）纤维拔出　　裂纹偏转的同时常常伴随着纤维的拔出，这里的纤维就是指文石片。断裂主要沿垂直于文石层的界面发生，而平行于文石层的界面则保持紧密接触。于是，有机基体与文石层之间的黏结力和摩擦力将阻止裂纹的进一步延伸，从而增加断裂所需的能量，使材料的韧性提高。

（3）有机质桥连　　有机质虽然仅占壳重的 5% 左右，但其在贝壳增韧中能起到不可替代的作用，有机质桥接无机质结构在人工合成陶瓷的复合材料中是不存在的。在珍珠层形变和断裂过程中，有机质与相邻的文石层彼此黏合。在有机相与文石片之间存在着较强的界面，从而增大了相邻文石层之间的滑移阻力，也增强了纤维拔出的增韧效果。从另一方面来说，有机基体就像一座桥连接着彼此隔开的文石层，降低了裂纹尖端的应力场强度，增大了裂纹扩展阻力，从而提高了材料的韧性。

（4）矿物桥与纳米孔作用　　1997 年，Schaffer 等[7]首次提出了矿物桥理论，后来 Song 等[8]证实了此理论，并用统计的方法计算出矿物桥的总面积约占文石板片总面积的 1/6。在有机质中可以直接观察到矿物桥及纳米尺寸孔的存在。纳米孔（5～50nm）是由于矿物桥被拉出而形成的。矿物桥对珍珠层整体力学性能的影响也是不可忽略的。在珍珠层断裂过程中，矿物桥和纳米孔的存在及其位置的随机性，加强了裂纹扩展的偏转作用。在裂纹穿过有机质后，由于有机基质和矿物桥的作用，上下文石片间仍然保持着紧密连接，除有机相和文石片间的结合力及摩擦力将阻止晶片的拔出外，要拔出晶片还必须先剪断晶片上所有的矿物桥，这样才能增加断裂所需的能量，进一步提高韧性。

4.3.5.3　层状结构材料仿生制备

人们从贝壳珍珠层特殊结构的研究中寻求仿生材料的设计方法和灵感，通过探讨其结构与功能之间的关系，结合实验表征手段测定其性能参数，总结规律，揭示了其构成机理和运行机理。在此基础上，深入到仿生学高度，运用仿生设计方法和理念实现新型轻质高强超韧层状复合材料的研制。材料仿生设计包括材料结构仿生、功能仿生和系统仿生三个方面。目前，对于仿生材料结构的设计主要包括结构组分的选择优化、几何参数和界面性质等。在探索仿贝壳珍珠层结构材料的过程中，以下几种方法有效而简便，是比较成熟的仿贝壳珍珠层无机/有机复合材料的工艺。

1. 层层组装法

Kotov 等[9]经过大量实验和创新，通过引进新的化学组分和新的制备方法，很大程度地改善了层层组装技术，提高了无机相与有机相的载荷传递，从而提高了复合材料的力学性能。2008 年，Kotov 小组为了进一步提高层层自组装 LBL（layer by layer，LBL）技术制备的材料的力学性能，在两相界面引入了化学成分，使制备的蒙脱土/PVA 层状复合材料通过交联与氢键的相互作用，获得了近似于贝壳珍珠层的无机/有机复合结构，同时通过力学性能测试，发现所得结构显著提高了材料的强度和刚性。同样在 2008 年，Kotov 对于快速增长 LBL 模式（e-LBL）进行了探索，发现在聚醚酰亚胺（polyetherimide，PEI）与蒙脱土的复合薄膜生长中，聚合物在无机纳米片中发生了快速渗透和表面滑移。利用此类的制备方法最终获得的无机/有机复合膜的膜厚可以达到 200μm，而这种制备方式对于提升制备无机/有机复合膜的速度和产率都有着重大的突破，因此在制备高强度和独特光学性能的膜技术方面有非常重要的意义。

2. 由下而上的自组装法

自下而上的自组装法（bottom-up self-assembly methodology）是一种由基本结构单元基于非共价键的相互作用而自发地组织或聚集为一个稳定、具有一定规则几何结构的制备方法。自组装技术简便易行，装置简单，具有沉积过程和膜结构分子可控的优点。该方法在制备仿贝壳珍珠层结构的复合材料中得到非常广泛的应用。在材料制备的过程中，人们将浸涂、旋涂、真空抽滤等手段与自组装技术相结合，并通过物理、化学方法对界面进行改性，得到无机/有机层状结构。2010年，Brinson 小组通过真空辅助自组装的工艺制备了氧化石墨烯/聚合物的高度有序结构，根据所选溶剂不同，该小组分别制备了亲水性的氧化石墨烯/PVA（聚乙酸乙烯酯）薄膜和疏水性的氧化石墨烯/PMMA（聚甲基丙烯酸甲酯）薄膜。所得复合材料的拉伸强度和弹性模量都可达到单一组分的 2~3 倍，力学性能得到了极大的提高。

3. 冰模板法

冰模板法（ice-templated methodology）又称冷冻铸造法（freezing cast methodology），是近些年受到科学家青睐的制备高强度高韧性复合材料的方法之一。冰模板法是通过将陶瓷粉末分散在水中，降温使水自然结晶，之后加热使冰直接升华获得仿贝壳珍珠层层状结构。这种方法最大的优势在于可以通过工艺参数调节陶瓷材料整体孔隙率、孔径分布等结构参数。2006 年，Deville 等[10]利用冰模板技术，制备了层状氧化铝的仿贝壳结构，并且成功通过调节降温速率等参数对层状氧化铝片层的薄厚及取向进行了调控。将氧化铝浆液与有机黏结剂混合，在冷冻器中降温到-40℃，根据降温的速率不同，最终获得的无机多孔材料的结构也会有所差别。当降温完成并保持温度 2h，冰模板已逐渐形成时，再将样品在1500℃条件下进行烧结，最终获得层状的多孔氧化铝结构。最终的结构每层厚度可达 10~20μm，并且在无机物组分比例较高时，能够在最终的材料中发现类似于贝壳中层与层之间相连的桥接结构，这种结构被证明能够增强结构对弯曲和压缩的加载能力。

4. 磁性控制法

2012 年，Studart 等[11]利用磁场控制氧化铁粉末包裹的氧化铝薄片，在聚酰胺和聚乙烯基吡咯烷酮的有机载体中形成了均匀分布的珍珠层状结构。通过大量实验发现，当氧化铝薄片的粒径处于 1~10μm，磁场强度 H 处于 0.5~2mT 时，磁场控制效果最好。通过改变磁场方向等方法可以得到横向、纵向及横向纵向皆有的 3D 层状结构。通过此方法制备的无机/有机复合材料，拉伸强度和磨损强度都比单一组分的复合材料高出 2～3 倍，不仅制备了性能优异的仿贝壳珍珠层多层次复合材料，还为该仿生领域提供了新的思路。

4.3.6 仿生多级蜂窝型多孔材料

4.3.6.1 云杉等木材中的蜂窝型结构

云杉是一种拥有此类结构的优异植物，其枝干高大通直，通常可达 45m，切削容易，无隐性缺陷，可作电杆、枕木、建筑、桥梁用材。云杉木中的蜂窝型结构是由长菱形的管胞组成，而这些管胞组成的材料在结构和力学性能上都有各向异性的特点，即沿着长轴管胞方向的韧性和强度远高于垂直长轴管胞方向的韧性和强度。同时发现，木材在长棱管胞方向上的压缩强度要低于其拉伸强度。这种强度上的不均衡对于生物在自然界中的生存有着重要的意义，为了弥补管胞的低压缩强度，这些管胞会被施加一种天然的拉伸预应力，以有效地达到增韧的目的。这与建筑工业中混凝土的预应力增韧有着相似之处，不过混凝土的增韧预应力为压缩预应力。

4.3.6.2 玻璃海绵多孔结构

众所周知，玻璃基种是较为脆性的材料，但是玻璃在建筑工业中依然有着广泛的应用。玻璃海绵（glass sponge）属于六放海绵纲（Hexactinelida），也称玻璃海绵纲（Hyalospongiae），其骨骼全由硅质骨针组成，具有非常精细的多层多孔结构。虽然玻璃是一种脆性的材料，但是玻璃海绵经过进化，在很大的程度上弥补了本身材料的不足。Levi 等[12]科学家通过研究发现，一些种类的硅质海绵，与相同尺度的玻璃棒组成的结构相比，拥有比较好的柔韧性和韧度。Aizenberg 等[13]着重研究了一种称为小丽织海绵（*Euplectella*，是西太平洋深海中的一种沉积型海绵）的单根骨针的力学性能和光学特征，因为此类海绵的结构不仅有比普通的玻璃结构独特的光学特征，而且结构有很高的力学稳定性。

4.3.6.3 鸟类喙蜂窝型结构

鸟类的喙主要用于捕食、梳理羽毛、筑巢、争斗等，在捕食的过程中，喙还会起到撕咬、叼住的作用，因此鸟喙通常有一定的强度和硬度，并且为了更利于飞行，轻质量也是必须考虑的因素。大自然中的鸟类通过近亿年的进化，逐渐形成了内部结构为蜂窝型的鸟喙，这种结构能够减少组成材料的脆性（松质骨），降低鸟喙整体的质量。对于一些类似啄木鸟这种特殊的鸟类，蜂窝型多孔结构还可以起到减震的作用。

4.4 仿生智能材料设计

4.4.1 仿生智能材料的定义及分类

智能原本是生物体才具有的特性，智能材料（intelligent materials）的概念源于仿生构思。从仿生角度出发，材料智能化使得材料具有一定的功能性，如传感、判断、处理、执行和自预警、自修复等。因此材料智能化是极具挑战性的任务，目前仍处于发展的初级阶段。智能材料的概念是由日本高木俊宜教授于 1989 年在日本科学技术厅航空与电子等技术评审会上提出的，它是指对环境具有感知、响应和功能发现能力的新材料。同时，美国的 Neunham 教授[14]于 1991 年提出灵巧材料（smart materials）的概念，其中又分为仅具有感知功能的"被动灵巧材料"，能够感知变化和响应环境变化的"主动灵巧材料"，以及具有感知、主动响应并可以改变特性参数的"很灵巧材料或智能材料"。自修复材料即属于"很灵巧材料"的范畴。智能材料通常不是一种单一的材料，而是一个材料系统（由多种材料组元通过紧密复合而构成的材料系统），它一般由传感器、执行器和控制器组成。仿生智能材料按应用领域不同可分为仿生自修复材料及仿生智能光电转换材料与器件。

4.4.2 仿生自修复材料

在外界应力等环境因素的影响下，材料会不可避免地产生裂纹等损伤，从而造成性能下降，损伤的累积还会造成材料失效。采用传统的机械连接、塑料焊接和胶接等修复技术可以对材料的可见裂纹进行修复，但是对于材料内部的微观损伤，不能采用传统修复技术。仿生自修复技术是理想的、具有广阔应用前景的新材料修复技术，自 20 世纪 80 年代材料的仿生自修复概念建立以来，在自修复机理、自修复工艺和自修复材料应用等方面都有深入的发展。

自修复材料包括高分子材料、金属材料、无机非金属材料及其复合材料。本节主要介绍化学结构更为多样化和功能化的高分子材料，包括自修复机理、自修复性能和材料类型。同时对于自修复金属材料和自修复陶瓷也进行简要的介绍。

4.4.2.1 自修复高分子材料

从概念上讲，自修复高分子材料是这样一类仿生智能高分子材料，它能够通过对外界造成的不可见裂纹自动（或在施以外界刺激的情况下）进行主动修复，使裂纹基本愈合，从而达到性能可以基本维持的目的。自修复性能的评价一般以材料性能的恢复程度作为指标，如断裂韧性、拉伸强度和断裂形变率等。按照 Wool 和 O'Connor 的定义，自修复效率如下式所示。

$$R(\sigma) = \frac{\sigma_{\text{healed}}}{\sigma_{\text{initial}}} \tag{4-5}$$

$$R(\varepsilon) = \frac{\varepsilon_{\text{healed}}}{\varepsilon_{\text{initial}}} \tag{4-6}$$

$$R(E) = \frac{E_{\text{healed}}}{E_{\text{initial}}} \tag{4-7}$$

式中，R 为性能恢复效率，即自修复率；σ 为拉伸强度；ε 为拉伸变形率；E 为断裂功。

目前，主要有两类自修复高分子材料，分为主动型和被动型。主动型是在聚合物基材中加入含自愈剂的微胶囊或液芯纤维，当基材出现裂纹时，微胶囊（图 4-10）或液芯纤维释放自愈剂自行修复基材。被动型是针对某些存在可逆共价键的高分子而言，基材在光照、加热或电压条件下可促使裂纹处的高分子链断裂，而外界刺激撤销后又可重新聚合。

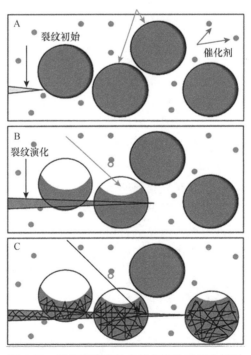

图 4-10 基于微胶囊的自修复高分子复合材料

4.4.2.2　自修复无机材料

自修复无机材料包括自修复无机金属材料及自修复无机非金属材料。一些金属材料中有许多数十微米以下的微孔或缺陷，当其在使用过程中因产生疲劳裂纹受到损伤时，会通过材料内部分散或复合一些功能性物质来实现修复。根据功能性物质在材料内部分散的尺寸大小，可将自修复功能分为三种类型：微量元素型，分散尺寸在纳米级别以下；微球型，其尺寸在微米级别；丝线或薄膜型，其直径或厚度在毫米以下。袁朝龙等[15]借鉴人体组织损伤愈合规律，采用拟生方法研究了金属孔隙性缺陷的自修复过程及裂纹修复现象及规律，提出了孔隙性缺陷自修复再结晶机理。孔隙性缺陷修复过程可分为三个阶段：再结晶逐渐消除裂纹孔隙；原子迁移扩散消除自由面；再结晶完全消除瘢痕。该自修复过程中所需要的物质可通过原子迁移扩散获得，也可以利用能量引导、控制缺陷自由面上细晶粒形核和生长，对缺陷修复速度、方向和质量进行控制。

陶瓷和水泥等无机非金属材料通常是脆性材料，在使用中面临增韧和增强问题。如果能够实现该类脆性材料的自诊断和自修复功能，将会大大提高其性能可靠性和服役寿命。以水泥为基体的材料为例，加钢丝短纤维组成复合材料，同时嵌入玻璃空心纤维，在其内部注入缩醛高分子溶液，分层浇注，固化后浇水养护4 天。在材料实验机上进行三点弯曲实验，当基体出现裂纹即停止加力，发现有部分纤维管破裂，修复剂流出，经一段时间后，裂口处可重新黏合。影响混凝土材料的修复过程及修复效果的主要因素有：①纤维管与基体材料的性能匹配。基本要求是在基体材料出现裂纹时，纤维管也要适时破裂。②纤维管的数量。数量太少不能完全修复，数量太多则可能对材料本身的宏观性能带来不良影响。③修复剂的黏结强度。它决定着修复后的材料强度与原始材料强度的比值。此外，黏结质量、黏结剂的渗透效果、管内压力也对自修复作用有很大影响。

4.4.2.3　仿生自修复材料应用前景

智能自修复技术对提高产品的安全性和可靠性有着深远的意义。仿生自修复机理和仿生自修复材料的研究与工程应用将涉及化学、微电子学、自动控制、人工智能、材料学和结构工程等多学科交叉研究领域。随着材料自修复机理研究的深入，以及在工程应用中瓶颈技术的不断突破，不久的将来，自修复材料将广泛应用于太空飞行器、火箭、飞机和空间站、人造器官、桥梁、建筑物和道路等领域。另外，自修复技术在功能材料上的应用，如传感器、能量转换材料、分离材料、生物表面响应材料和信息材料等，也将取得一定的进展。

4.4.3 仿生智能光电转换材料与器件

自然界中的动物和植物经过 45 亿年优胜劣汰、适者生存的进化，其结构和功能已达到近乎完美的程度，从而能适应环境的变化，得到生存的发展。生物体内可以进行如光能、电能、化学能等各种能量的高效转换。例如，萤火虫通过自身荧光素和荧光酶的作用，发光率甚至可达 100%。生物体利用食物氧化所释放能量的效率是 70%～90%。因此向自然学习是解决人类未来能源问题，实现能量的高效转换、存储与利用的必然途径。

4.4.3.1 仿生能量转换材料的设计思路

自然生物有很多奇异的结构与性质，向大自然学习是发展新材料的重要源泉，仿生结构及其功能材料因其独特的性能受到越来越多的关注。因此，未来可将仿生概念与纳米技术相结合，从结构与原理两个层次来开发仿生智能光电转换材料与器件。

（1）从模仿生物体的能量转换系统的结构出发，研究纳米通道（离子通道）、微纳米复合结构（荷叶的乳突）在生物体中所起的作用，将其与智能分子或材料相结合，从而获得仿生智能光电转换功能材料。生物纳米通道在生命的分子细胞过程中起着至关重要的作用，如生物能量转换、神经细胞膜电位的调控、细胞间的通信和信号转导等[16]。仿生纳米通道的制备不仅为模拟生物体中的离子传输过程提供了一个平台，而且可以促进智能纳米通道器件在生物检测、纳米流体、分子过滤和能量转换领域中的实际应用。研究微纳米尺度上的复合结构对于设计合成微纳米材料有很大作用。理论上，在染料敏化太阳能电池（dyesensitized solar cells，DSC）中一个有效的光阳极具有以下结构：电子的快速注入和分离、低的电子重组、有效的电子转移、高的表面积、有效的光能收集等。多重结构在电子的快速注入和分离、高的表面积和有效的光能收集等能力上有巨大的优势。因此，复合结构所包括的有序的一维纳米材料和多层复合结构，在染料敏化太阳能电池中都有很大的发展前景。

（2）从模仿生物体的能量转换系统的原理出发，根据自然界中现已存在的能量转换系统的不同原理，将分为以下三种类型进行介绍：模仿电鳗鱼将化学能转换为电能、模仿绿叶光合作用将光能转换为化学能或者电能、模仿菌紫质将光能转换为电能。在实用化阶段，现在使用的燃料电池、锂离子电池在原理上均是模仿电鳗鱼的发电原理。只不过前者通过阳极上发生的氧化反应来维持离子的浓度梯度，后者利用 ATP 水解释放的能量通过质子泵来维持离子的浓度梯度。染料敏化太阳能电池是在光能的吸收和转换上模仿绿叶的光合作用，最后的能量输出形式是电能而不是以 ATP 的形式储存起来。在理论研究阶段，模仿光合作用来光解水制氢气及生成 ATP 还不具备实际应用价值，利用或模仿菌紫质将光能转换为电能的效率也相当低。

4.4.3.2 智能纳米孔道能量转换原理

根据能量转换原理的不同可分为三种类型：模仿电鳗鱼将化学能转换为电能、模仿绿叶光合作用将光能转换为电能或者化学能、模仿菌紫质将光能转换为化学能。

模仿电鳗鱼的发电细胞可以产生高达 600V 的电压来捕获猎物和驱赶敌人的原理进行人工合成细胞，通常包括一个磷脂双分子层（由两层疏水/亲水作用形成的磷脂分子组成），以及膜蛋白（如 α-溶血素）作为纳米通道来稳定磷脂双分子层。通过对纳米通道的优化设计，这种人工细胞可以达到的最大能量转换效率是 19.7%。如果不考虑输出电能密度，这个系统理论上能达到的最大的能量转换效率是 48%。

光合作用的基本原理是可见光引发多步的电子传递进行氧化还原反应，产生质子泵效应，质子参与反应合成高能化合物三磷酸腺苷（ATP）。将复杂的自然机理减少到基本的组分进行仿生，有助于人工合成能源材料。

在自然界中还有一种利用光能的方法，如菌紫质使用了产生质子推动力的方式可将光能转化为化学能。紫细菌在光合膜（又称类囊体膜）上进行原始反应和产生质子梯度，因此通过将光酸分子和质子响应的纳米通道组合，仿生制备了质子泵的光电转换体系，可将光能转换为电能。

4.4.3.3 仿生微纳米结构光电功能材料

目前太阳能的利用主要有光热转换、光电转换和光化转换三种方式。其中，光热转换后的热能难以有效运输，光化转换指利用半导体光解水产生 H_2。实现光电转换的太阳能电池主要有硅系太阳能电池、化合物薄膜太阳能电池、有机太阳能电池等。所用的太阳能电池大多采用硅材料，尽管晶体硅太阳能电池的稳定性和可靠性都相当好，在室外环境下的工作寿命可超过几十年，但主要缺点在于价格过高，因而难以实现产业化。而染料敏化太阳能电池（DSC）是在植物体外"拷贝"了一个叶绿体，研制出一种与叶绿体结构相似的新型电池。

DSC 电池与其他 PN 结[①]太阳能电池的最大区别在于它的工作原理是模拟自然界的光合作用，电池对光的吸收主要通过吸附在 TiO_2 表面的染料来实现，而电荷的分离、传输是通过动力学反应速率来控制的。光生电子的产生、染料的再生

---

①采用不同的掺杂工艺，通过扩散作用，将 P 型半导体与 N 型半导体制作在同一块半导体（通常是硅或锗）基片上，在它们的交界面就形成空间电荷区，称 PN 结。

及电荷的分离速率分别在皮秒、纳秒、微秒量级,而 I_3^- 离子与染料分子的复合、电子在光阳极的传输速度则在毫秒量级,这种动力学上的差异保证了 DSC 电池的高效运行。

由于 DSC 电池是一个由光阳极、光敏化剂、电解质及对电极构成的有机整体,因此,为了提高 DSC 电池性能,不仅要对电池的每个部分进行优化,还必须充分实现这几部分的协同工作。首先,染料的选取将直接影响对光的利用效率、电荷在光阳极表面注入效率及界面复合等过程。目前广泛使用的染料仍然是钌-多吡啶配合物和有机染料。近年来,半导体量子点因能带可调、光吸收范围宽、吸光系数大、稳定性好等优点而备受瞩目,将量子点用作 DSC 电池光敏化剂具有独特的优势,这方面的研究呈现很好的发展态势。其次,纳晶半导体薄膜对于 DSC 电池起着关键作用,一方面它能提供较大的比表面积来吸附染料以保证高光吸收效率和光电转换效率;另一方面,纳晶半导体薄膜的表面形貌和纳米颗粒的表面态、缺陷态将影响光生电子的传输,引起暗反应,从而影响电池性能。最后,高催化活性的对电极对于电池持续、稳定的运行至关重要,目前最广泛使用的是 Pt 电极,为了进一步降低成本,研究人员正在开发性能优良、价格低廉和化学稳定性高的其他电极材料来代替贵金属铂,如各种碳材料、导电聚合物等。

DSC 中的电子受体多采用 TiO_2 纳米晶体多孔膜结构。与致密膜相比,TiO_2 多孔膜电极吸附的染料和光合单位中的聚光色素一样,呈单分子层排列,利于染料对光的吸收和染料激发态电子向 TiO_2 电极的注入。有人曾尝试用染料多层膜替代单层膜,结果导致电池的光电转换效率降低。由染料分子组成的单分子膜在电池中也起到集光天线的作用。TiO_2 多孔膜、染料和电解质紧密接触并相互作用,完成电荷的转移和传输,实现能量的转化。为提高光电转化效率,科学家研究了光阳极的微观结构,并指出垂直于导电玻璃表面的有序纳米阵列电极材料可能比现有的多孔电极材料更有优势[17]。此后许多纳米微观结构,如纳米管、光子晶体结构被引入到光阳极的制备中。这些结构在增加光程长度、提高光捕获效率的同时,在一定程度上也增加了电极的比表面积,提高了染料吸附的效率,进而有可能提高总体的光电转化效率。

4.5 仿生医用材料设计

4.5.1 仿生医用材料定义及分类

生物医用高分子材料对社会和人类带来的巨大贡献和对人民生活健康的重要意义是不言而喻的,是新材料研究中最活跃的领域之一,在生命科学、医疗器械、药物等领域已得到广泛而重要的应用。据统计，全世界已经应用的生物医用高分子材料有 90 多个品种、1800 多种制品。在发达国家，生物医用高分子材料及制品的市场年增长率达到 10%～15%。我国从 20 世纪 50 年代开始对生物医用高分子材料进行研究，经过多年发展，也取得了很大的成就。现有生物医用高分子材料 60 多种，制品达 400 多种。但是无论是研究工作还是生产规模，与发达国家相比还有一定的差距，主要表现在：①产品技术水平低，生产规模小；②研究速度跟不上产品更新速度，研制周期长；③材料品种少，制品规格不全，不能形成系列化；④缺乏相应的检测标准、方法和技术手段，产品质量稳定性不高。

目前生物医用高分子材料的研究和发展方向主要包括以下几方面。

（1）可生物降解型生物医用高分子材料在组织工程和药物控制释放载体方面的应用。

（2）模拟生物大分子及人体组织器官的结构和协同作用，通过采用自组装、复合化及表面改性等技术，实现生物医用高分子材料的仿生化、智能化，提高其生物功能性和生物相容性。

（3）生物医用纳米高分子材料，包括纳米药物及基因治疗载体，以及生物检测、医疗诊断用纳米高分子材料。

（4）发展完善评价生物医用高分子材料及其产品的长期安全性、可靠性的可靠方法和模型等。

4.5.2　仿生医用高分子材料的应用前景

一切生命都是由各种生物分子通过不同层次的组装，由微观到宏观，自发形成的复杂而精确的组装体系，以实现各种特异性的生物功能及其他功能。通过模拟生物大分子的结构特征、作用方式或作用机理，从分子水平上设计合成仿生高分子材料，不仅对深刻认识生命现象有重要意义，而且在生命科学、能源等科学技术领域具有广泛的应用前景。

通常，仿生高分子材料可分为结构仿生高分子材料和功能仿生高分子材料，前者通过制备与生物相似结构或者形态的高分子，得到具有优良性能或者与自然界不同的特异性能的人造材料；后者是以仿造自然界动物和植物的特异功能及智能响应为目标，研究发展具有与生物相似或者超越生物现有功能的高分子材料。采用的方法可以是：①对生物高分子进行修饰，通过重组、交联、引入新基团等技术，合成具有新功能的生物高分子；②将生物高分子的活性部位引入人工合成的高分子的主链或侧链上；③模拟生物高分子的作用机理，通过合成高分子实现生物高分子的功能[18]。

作为生命科学与高分子科学交叉研究的前沿,仿生高分子材料的一个重要应用领域就是生物医用。纵观生物医用高分子材料的发展,在心脏瓣膜、血管修复、眼内晶体、口腔植入物和隐形眼镜片等方面的应用和进展,不仅拯救了数以百万患者的生命,而且提高了很多患者的生存质量,但这还远不能满足人们的需要。其关键问题就在于现有的生物医用高分子材料大多并非从细胞生物学、分子生物学角度设计,其生物相容性欠佳,因而在体内易被视为异物,影响其生物功能性的发挥,甚至带来不良反应。因此,对于设计和制造新一代的生物医用高分子材料,关键问题在于如何实现对生命体系与高分子材料界面在分子水平和细胞水平上发生的相互作用的有效调控。

生物大分子的相互识别和相互作用是生命现象的基础,也是生物功能实现的必要环节。正是由基因、多肽、蛋白质、多糖等生物大分子构成了细胞,进而形成了生命,因此研究天然生物材料的结构和性质,模拟生物大分子、细胞及人体组织器官的结构和协同作用,从分子水平层面、细胞层面及人体器官组织和生命层面出发,进行仿生设计,研发生物医用仿生高分子材料(biomimetic polymers for biomedical application),提高其生物功能性和生物相容性,是研制高品质生物医用材料的重要途径。

当前,生物医用仿生高分子材料的研究十分活跃,涉及的领域主要包括:组织工程仿生高分子材料、医用植入仿生高分子材料与介入疗法仿生高分子材料、药物传输系统载体仿生高分子材料、高效生物医用检测和诊断用仿生高分子材料及生物医用高分子材料的仿生制造技术等。

4.5.3 组织工程仿生高分子材料

4.5.3.1 仿生组织工程材料

组织工程的基本原理和方法是将体外培养扩增的自体或异体细胞种植于体外构建的细胞外基质模拟物(支架)中,形成细胞/支架复合物,然后将细胞/支架复合物植入人体组织、器官的病损部位,通过植入细胞的增殖、分化及类细胞外基质支架相匹配的降解吸收而形成形态、结构和功能与目标组织或器官相一致的新组织或器官,从而达到修复创伤和重建功能的目的。

典型的组织工程方法是在三维空间控制组织形成,其中的关键因素之一是支架材料,其主要作用包括:①为细胞黏附提供物理支撑;②为细胞增殖、代谢提供空间;③提供特定的宏观、微观结构,引导细胞构建特定功能的组织或器官;④传递化学或力学信号,调控细胞的形状。显然,其支架材料的设计原则就是根据仿生原理,最大限度地体外模拟目标组织或器官的细胞外基质的组成、结构和功能。理想的支架材料除能为组织工程化设定三维几何形状外，还应能提供微环境以利于组织再生，包括其连通多孔结构可以保证细胞的营养输送和代谢废物的排出，其表面物理和化学结构有利于细胞黏附、迁移、增殖、分化及新组织的形成。因此对于组织工程支架材料而言，其化学组成、物理结构及生物功能基团都是非常重要的因素。另外，在使用性能方面，为了防止感染，要求支架材料必须易于临床前的消毒和灭菌；为保证可随时使用，支架材料也必须易于保存。

为了满足组织工程的各种需要，目前已开发出各种用于组织再生的支架材料，包括皮肤组织工程材料、骨及软骨组织工程材料、肌腱组织工程材料、心血管组织工程材料等。尽管金属及无机材料也曾被选作骨组织工程支架，但它们在生物环境下不能降解，以及难以加工成高孔隙率的结构，限制了它们的临床应用。而高分子材料由于其组成与结构能被调控以满足特殊的需要，具有很大的设计灵活性，因此被广泛应用于包括骨组织工程在内的各种组织工程的应用研究。用于制作支架的高分子材料可以是天然高分子及其衍生物，也可以是合成高分子。前者包括胶原、明胶、壳聚糖、甲壳素、纤维素和淀粉及它们的衍生物，后者包括通常应用的生物可降解合成聚合物如聚乳酸（polylactic acid 或 polylactide，PLA）、聚羟基乙酸（polyglycolide，PGA）、乳酸-羟基乙酸共聚物（poly lactic-co-glycolic acid，PLGA）和聚 ε-己内酯（poly ε-caprolactone，PCL）等。天然高分子材料往往具有较好的细胞相容性，但产品批次稳定性较差，合成材料比天然材料具有的优势就在于它们易于加工制备成具有各种各样性能的材料，且其性能具有可预见性。

从材料科学与工程观点出发，可以把组织视作细胞复合材料，它由细胞及其合成的细胞外基质（extra cellular matrix，ECM）组成。细胞引导 ECM 的合成，形成主要由蛋白质和糖胺聚糖（glycosaminoglycan，GAG）构成的化学与物理交联的网络；ECM 则提供细胞所需要的力学和化学信息，它们之间存在动态的相互作用。组织工程的典型方法是在三维支架中种植细胞组成复合物，在生物反应器中培养扩增，在体外形成新组织后植入患者体内，与组织整合构建新的功能组织。因此，组织工程采用的三维支架实际起到外源性 ECM 的作用。

然而，由于组织工程进程中的新生组织并非和组织形成或损伤愈合节奏完全同步，因此，作为促进细胞再生的暂时性细胞外基质，支架材料应能模拟天然 ECM 的某些有利特征，但可能不需要完全复制其所有特征。与组织自然形成过程相比较，组织工程应该是一个加速再生的过程，利用成熟的组织机体通常不具有的相互连接的宏观和微观孔洞支架结构，迅速形成统一的遍及目标空间区域的细胞群，同时支架发生相匹配的降解，这个过程才是组织工程/修复过程的实质所在。因此，即使是单一的天然 ECM 或其衍生物，对于组织工程应用来说也可能不是一种理想的支架。此外，当使用天然 ECM 时，还要关注可能发生的免疫排斥和病原体传播等问题。

4.5.3.2 组织工程支架的仿生设计

为了使组织工程的应用达到理想状态，支架材料的仿生设计已成为组织工程研究的重要方向。人工设计的三维仿生支架除必须具有生物相容性、生物可降解性、重现性、具有连通孔洞、高孔率、无潜在的免疫或外来物体的反应等特征之外，还应模拟天然组织的 ECM 分子功能，具有天然 ECM 的一种或多种特征，其携带的生物分子信号，可以促进细胞黏附、增殖、分化和功能表达，从而实现组织再生和功能重建。

目前，组织工程用高分子材料的仿生设计已经由简单的物理和化学模拟发展到细胞和分子水平的模拟。例如，模仿骨细胞外基质的胶原纤维结构，构建三维纳米纤维支架，已用于骨组织工程。又如，细胞外基质中含有许多对细胞的黏附、生长和增殖有促进作用的活性因子，包括各种贴壁因子、生长因子（如促进骨和软骨组织形成的骨形态发生蛋白、血管内皮细胞生长因子等），将这些活性因子固定在支架材料表面可以显著改善材料的细胞相容性。

随着材料科学和分子生物学的发展，人们对细胞与材料间相互作用复杂机理的认识逐渐加深，利用天然、合成、半合成及杂化材料，通过一定的仿生设计构建可诱导组织再生的支架的研究十分活跃。但天然材料的机械强度不足和来源批次间的差异性使得其用于支架材料构建的稳定性不足，且还存在纯化和免疫原性等问题，这些不足限制了它们在组织工程中的应用。相对于天然材料，人工合成材料有以下优点：①可根据具体组织或器官的特点进行专门设计，其表面性能及生物降解速率都可以调控；②具有更好的力学性能和加工性能；③不存在来源差异性问题；④容易对产品的质量设定标准，有利于大规模生产；⑤种类多，选择范围广，是组织工程支架材料的重要来源。合成材料的缺点是通常不具备生物活性，表面缺少生物信息位点供细胞识别，且材料的降解产物可能存在生物毒性。目前研究和应用较多的生物可降解的合成聚合物材料主要有聚乳酸、聚羟基乙酸、乳酸-羟基乙酸共聚物、聚 ε-己内酯、聚 β-羟基丁酸酯（poly-β-hydroxybutyrate，PHB）等。

目前，较成功的聚合物材料仿生设计策略包括：天然/合成聚合物杂化材料，这些材料在保持生物响应的同时也表现出优越的物理化学性能；生物活性化的合成聚合物材料，即在合成聚合物材料上采用化学方法固定一些生物活性分子来拓展合成聚合物材料的生物学性能。由于细胞在材料上的黏附强度、迁移速率及增殖速率等生物反应往往依赖于仿生聚合物材料表面的生物活性位点的密度、空间分布及其与细胞表面配基的亲和力大小等参数，因此，在仿生支架材料设计时往往特别强调这些参数的控制和优化。

一般而言,组织工程支架材料分为两大类:可注射型水凝胶支架(软支架)和预塑形多孔支架(硬支架)。前者常采用溶胶-凝胶的转变作为制备方法,其特点为可通过注射的方法将复合有种子细胞的聚合物溶液注射到所需部位,在一定条件下形成体内凝胶,避免外科手术。后者大多具有固态织构,可在制备过程中调控微结构(孔径、孔隙率、连通性等),力学性能较好,制备方法主要有致孔剂法、相分离法、冻干法、乳液冻干法、超临界流体法、电纺丝法等。在进行组织工程支架仿生设计的过程中,无论是天然的生物高分子材料还是合成的生物高分子材料,均须通过加工制作成 3D 结构以适于细胞的种植和培养。不同的组织对于相应支架的仿生设计都有各自的挑战性,除了必须匹配工程化组织力学性能的要求,组织工程支架还要通过纳米化、微纳图案化、表面活化、结合配体及持续释放细胞因子等手段成为细胞的"信息模板",提供组织重建的信号。尽管在过去的几十年里,组织工程支架的仿生设计已取得很大的进展,但真正能有效控制细胞生长分化、诱导组织重建的三维支架的构建还有待完善。由于细胞外基质在组织形态的形成过程中起到关键作用,因此目前仿生支架材料设计的热点就是通过模拟细胞外基质进行支架特征设计,在时间和空间上协调引导每个细胞的反应,从黏附、迁移和增殖到表型选择,实现组织再生和功能重建。

例如,Zhang 和 Ma[19]于 2004 年提出了一种仿生支架模型,模型支架具有连通的网孔结构,孔壁上有大量的纳米纤维,并附着可以控制释放生物活性因子的微球。纳米纤维结构可以为细胞生长提供充分的空间,开放的孔结构有利于细胞营养的输送。这种模型是从多个层次上对组织工程支架进行仿生设计的一种猜想。具有纳米纤维基底的多孔连通结构支架在宏观与微观上的物理形态都接近于ECM 原型,制备这一类支架已成为支架材料的一种趋势。

4.5.4 医用植入及介入疗法仿生高分子材料

医用植入高分子材料与介入疗法高分子材料,包括用于人工组织和人工器官的高分子材料及介入治疗导管、血管内支架等,要直接在生物体内应用,会与体液、血液等接触,要求其抗生物污损(anti-biofouling),特别是要具有血液相容性,即血液中的细胞、蛋白质等不与材料发生较强的相互作用。其仿生设计主要体现在高分子材料的表面仿生改性,如表面固载具有抗凝血特性的生物活性物质,如肝素、白蛋白、前列腺素等;或表面负载纤溶活性物质,如纤维蛋白溶酶、尿激酶、链激酶等;或引入仿细胞膜表面的磷脂基团;或构建伪内膜化表面、内皮细胞高分子杂化表面。

4.5.5 药物传输系统载体仿生高分子材料

4.5.5.1 仿生药物传输系统材料

药物/基因传输系统是药学领域的重要研究方向，包括口服缓释、控释系统、黏膜给药系统、靶向给药系统和纳米给药系统等药物释放系统的研究。理想的药物释放系统应能充分发挥药效，维持血药浓度恒定，最大限度地减少药物对身体的毒性作用，即要具有控制释放和靶向释放两大功能。而作为载体的高分子材料，是赋予药物释放系统功能的关键。因此，载体高分子材料的仿生设计主要体现在如何确保各种药物或生物活性物质的可控释放和靶向输运两方面，其核心在于从分子设计出发，实现载体高分子对体内特异生物环境的感知和响应。

将药物输送入体内到达需要的部位，并能够有效地发挥其功能和产生良好的疗效，必须选择合适的药物载体、药物剂型和给药途径，而药物传输系统（drug delivery systems，DDS）正是适应这一需求而发展起来的一种现代给药技术。理想的药物传输系统应具备靶向运输和控制释放两大功能，即确保药物进入体内后只运输到治疗目标部位，并使该部位的血药浓度维持在要求的范围内，从而在充分发挥药效的前提下，提高药物的利用率，并减少用药剂量，最大限度地减少药物对身体的毒性作用。

例如，自调式药物释放系统是一种依赖于生物体的信息反馈自动调节药物释放量的给药系统。有一种胰岛素释放系统是将胰岛素与糖分子结合，再与植物外源性凝集素如刀豆蛋白上的糖结合部位结合，然后包封于半透膜内，制成血管内自调式药物释放系统。当血糖高出正常值时，血管中的葡萄糖会进入半透膜内，将糖基化的胰岛素竞争性释放，降低血糖水平。另外，药物的靶向性一般可分为主动靶向和被动靶向。要在细胞和亚细胞层次实现主动靶向，常需要通过生物靶向来实现，即对载体高分子进行仿生改性，在表面耦联或吸附结合适当的有选择亲和性的配体，包括单克隆抗体、糖、蛋白质 A、外源凝集素和叶酸等，通过配体与目标细胞的特异性识别与结合，实现主动靶向。

目前，研究较多、发展较快且在临床治疗和预防中逐渐显现出重要作用的药物传输系统主要有：缓释和控释给药系统（sustained-release and controlled-release system）、生物黏附给药系统（bioadhesive drug delivery system）、靶向给药系统（targeting drug delivery system）和智能给药系统（intelligent or smart drug delivery system）等。其类型也多种多样，按载体形态和类型可分为微球、微囊、纳米粒、脂质体、水凝胶、药物-载体分子结合物等。在各种药物传输系统中，作为载体的药用高分子材料起着非常重要的作用，药物释放速率的控制和调节、药物的靶向性都需要通过载体高分子材料来实现。

4.5.5.2 药物载体的仿生改性

药物载体系统的结构和性能直接影响着药物在机体内的吸收、分布、代谢和消除行为，从而决定了药物的生物利用度和疗效。为了将药物输运到治疗目标部位的作用靶点，并以适当浓度发挥最优效果，避免药物毒性作用对正常组织的影响，通过对药物载体系统在分子水平上进行仿生设计，使得载体系统可以感知机体内源于不同组织、器官乃至细胞病变处的特异生物环境，并作出响应，从而实现药物或其他生物活性物质的靶向运输和可控释放是改善药物疗效的有效手段。

靶向给药系统又称靶向制剂、方向性控释剂，可通过静脉、动脉和腹腔注射或口服给药，使药物自动浓集于某些病变器官、组织或细胞，从而达到降低全身毒性作用、提高疗效的目的。例如，在临床上广泛应用的肿瘤治疗和诊断药物大多是非选择性的，治疗剂量下对正常组织器官毒性作用大，疗效欠佳。仿生技术在肿瘤靶向给药的应用是建立在对肿瘤细胞生物学和分子生物学研究的基础上。研究发现肿瘤细胞与正常细胞在基因及基因表达方面存在差异，前者胞内特定基因转录的 mRNA 增加，细胞表面或其血管表面具有一系列特异或过度表达的抗原或受体，这些特异 mRNA、抗原或受体与肿瘤生长和增殖密切相关，可以作为结合靶点，而将与之对应的靶向分子与载体耦联构成抗肿瘤药物靶向载体系统。

智能高分子是一类在外界因素的刺激下，其自身的某些物理和化学性质会发生相应突变的高分子，也称为"机敏高分子"，或"刺激响应型高分子"，或"环境敏感型高分子"。环境刺激因素包括温度、pH、化学物质、离子强度、光强度、电场、应力和识别、磁场等。例如，为了解决胰岛素在体内的半衰期短需频繁注射给药的缺点，模仿健康机体内的葡萄糖检测系统，可仿生构建小型化的血糖感应型胰岛素智能给药系统，将其植入体内，自动监测血糖水平，并在必要的时候释放胰岛素，从而使患者体内的血糖和胰岛素含量保持在正常水平。Horbett 等[20]报道了一种 pH 敏感高分子凝胶-胰岛素智能控释体系。葡萄糖氧化酶和胰岛素首先被包埋在 N,N'-二甲乙醇胺甲基丙烯酸酯和甲基丙烯酸-2-羟基乙酯（2-hydroxyethyl methacrylate，HEMA）共聚物凝胶膜中，当葡萄糖扩散到凝胶中与葡萄糖氧化酶发生反应生成葡萄糖酸时，酸使凝胶中的碱性功能团质子化而带正电荷，静电排斥使凝胶溶胀增加了膜的渗透性，导致胰岛素可以扩散释放出来。当不存在葡萄糖时，水凝胶则处于不溶胀、不渗透状态，胰岛素则无法扩散释放。Imanishi 等[21]报道了一种利用葡萄糖脱氢酶（glucose dehydrogenase，GDH）的亲和模型胰岛素释放系统，其中胰岛素通过二硫键固定在聚甲基丙烯酸甲酯表面。当系统接触葡萄糖分子时，GDH 氧化葡萄糖分子并产生电子，该电子可还原二硫键而实现胰岛素的感应释放。

4.5.6 生物医用检测和诊断用仿生高分子材料

随着生物医学的飞速发展，该领域对相关检测及分离技术和材料的依赖及需求日益增强。例如，由于各种疾病和人体的体液（包括血液、尿液、唾液等）成分之间存在某些相关性，对体液成分的多种生化指标检测，包括微量蛋白（如肿瘤标志物、特异性抗体等）、小分子有机物（如葡萄糖、抗生素、氨基酸、胆固醇、乳酸及各种药物的体内浓度）、核酸（如病原微生物、异常基因）等已成为临床医学中疾病诊断、疗效及病程监测和预后判断分析的重要依据。另外，新药研究开发中的化合物大规模筛选和活性测试、生物工程产品生产中的质量监控、基础医学研究中的活性分子监测等都离不开高选择性和高灵敏度的生物医用检测技术。

在生物体系中，有许多专一性或选择性的相互作用方式，如受体与底物、酶与底物、抗原与抗体、DNA碱基对等。根据这些作用原理，设计合成的以生物分子作为配基的仿生高分子材料，可广泛应用在生物传感器及生物亲和色谱等领域，用于生化分离、医学临床诊断和临床分析（包括人体生化指标和各种病原体的检测、糖尿病等）。例如，当前正在迅猛发展的基因芯片技术和蛋白质芯片技术等。

4.5.6.1 生物传感器

传感器是一种能感受规定的被测量，并按照一定的规律转换成可用信号的器件或装置，通常由敏感元件和信号转换元件组成，以满足信息的传输、处理、存储、显示、记录和控制等要求。根据传感器工作的基本原理，可分为物理传感器、化学传感器和生物传感器三大类。

实际上，生物的基本特征之一就是能感受外界的各类刺激信号，并对其作出反应。人体的感觉器官可以看作一套完美的传感系统，眼、耳和皮肤可以感知外界的光、声、温度、压力等物理信息，而鼻和舌可以感知气味及味道等化学刺激。所谓生物传感器（bio-sensor）就是利用仿生学原理构建的一类特殊形式的传感器，由生物分子识别元件和各类物理、化学换能器组成，可用于检测分析各种生命物质和化学物质。由于生物传感器具有选择性好、灵敏度高、分析速度快、成本低、能在复杂的体系甚至生物体中连续进行在线监测等优点，特别是与分子生物学、纳米技术等高新技术结合后，在生物医学、临床检验、食品、制药、化工、环境监测等领域展现出广泛的应用前景，近几十年来发展迅速。

目前在生物医用领域研究最活跃、应用最广泛的生物传感器主要有：酶生物传感器、免疫生物传感器、受体生物传感器、核酸生物传感器、分子印迹生物传感器及生物芯片。

（1）酶生物传感器　酶生物传感器是最早出现的，也是目前商业化最成功的生物传感器。酶具有高度的选择性和特异性，只对某种或某类具有相似结构的底物分子起催化作用，其构建的生物传感器能实现信号放大，灵敏度高。通常应用的酶有氧化还原酶或水解酶，待测物往往是反应底物，也可能是酶抑制剂。血糖生物传感器就是一种典型的酶生物传感器。

（2）免疫生物传感器　免疫生物传感器是模拟生物的自然免疫反应，利用抗体/抗原间的识别作用构建的。通常免疫反应与酶催化反应相比，具有更好的选择性和特异性，且形成的抗体/抗原复合体相对稳定，不易分解。但由于抗原/抗体之间的分子结合不涉及酶的催化放大，灵敏度较低且响应时间长，因此通常需要采用标记技术来放大信号，构成所谓标记免疫生物传感器。

（3）受体生物传感器　受体生物传感器是以受体配体特异性结合为构建原理，利用膜受体蛋白作为分子识别元件的一类亲和型生物传感器。受体是位于细胞表面或细胞内亚细胞结构中的一种糖蛋白或糖脂分子，能够选择性地识别外来信号，并与之结合，从而激活或启动系列生化反应，产生特定的生物学效应。

（4）核酸生物传感器　核酸生物传感器又称为基因传感器，是以核酸物质为检测对象的一类生物传感器。

（5）分子印迹生物传感器　生物系统的分子识别实质是大小适当且形状互补的单元通过氢键、离子键、配位键、范德华力和疏水作用等非共价作用相结合的过程，分子印迹聚合物（molecular imprinted polymer，MIP）就是模拟生物分子间的相互作用而构建的具有识别功能的功能高分子。与天然生物物质相比，MIP稳定性好，耐高温，易于工业化生产、储存和灭菌，且识别性能好。目前，分子印迹生物传感器已可以识别蛋白质、氨基酸、糖类、核酸及药物，甚至细菌等。

（6）生物芯片　生物芯片（biological chip）的概念来源于计算机芯片，实际上可以看作生物传感器的点阵组合。芯片点阵中的每一个单元都是一个生物传感器的探头，通过阵列检测实现对生物分子的大规模平行检测，从而大大提高检测效率，减少工作量，增加可比性。

随着生物学、信息学、材料学和微电子学的飞速发展，特别是微电子机械系统技术、纳米技术和分子自组装体系的研究和应用，未来生物传感器将具有高灵敏度、高稳定性、高寿命和低成本的特点，并向高性能、微型化、一体化、智能化方向发展。同时，研究以生物系统为模型，能代替生物视觉、嗅觉、味觉、听觉和触觉等感觉器官的生物传感器也是生物传感器研究中的重要内容之一。

4.5.6.2 仿生配基亲和色谱

在生物技术快速发展的 21 世纪，人们迫切需要高选择性的亲和色谱技术以降低生物产品的成本，扩大其应用范围，因此采用更加稳定、便宜的仿生配基替代生物配基已成为许多研究者关注的热点领域。即通过模拟生物分子结构或某特定部位，人工合成具有特异性识别结合功能的配基，固定在色谱载体上，实现对生物样品的吸附分离，如固定化金属离子配基亲和色谱（immobilized metal ion affinity chromatography，IMAC）、染料配基亲和色谱、分子印迹聚合物配基亲和色谱和核酸适配子配基亲和色谱等。

固定化金属离子配基亲和色谱是一种基于蛋白质或多肽对固定在载体上的金属离子具有不同的亲和能力而实现分离的色谱技术，因为组氨酸的咪唑基团、半胱氨酸的巯基及色氨酸的吲哚基团都可提供电子与某些金属离子结合。

染料配基亲和色谱研究始于 20 世纪 70 年代初期，人们发现许多蛋白质在蓝色葡聚糖色谱柱上吸附有明显差异，源于染料与蛋白质之间存在的类似生物大分子与相应生物配基间的相互亲和作用。通过活性基团，染料配基可以非常容易地与色谱载体形成共价耦联。而对染料母体进行化学修饰，改变其端基，将模拟底物、辅助因子或结合因子与蛋白质或酶的活性位点作用，可以合成出特异性和选择性更高的仿生染料配基。

分子印迹聚合物是指人工合成的对某特定的目标分子（称为模板分子或印迹分子）具有三维空间构象和结合位点完全互补性质的一种聚合物。它对目标分子具有专一性的分子识别能力。因此，当以蛋白质、酶、抗原、氨基酸及其衍生物、多糖等生物分子为模板分子制备相应的分子印迹聚合物时，将其作为亲和色谱的固定相，就可实现相应模板分子的高选择性和高效率的分离纯化。特别是在对包括氨基酸及其衍生物、多肽及药物等手性化合物的手性分离方面的研究十分活跃。例如，Sellergren[22]于 1994 年报道了以合成的戊咪（pentamidin）为模板的印迹聚合物，并以其为吸附固定相实现了对生物液体试样尿中的五咪的提取、纯化和浓缩。Kempe 等[23]采用分子印迹聚合物作液相色谱分离柱成功分离了大量的氨基酸衍生物、多肽及蛋白质。

核酸适配子是指通过 SELEX（systematic evolution of ligands by exponential enrichment）体外筛选和放大技术，从随机寡聚核苷酸组合库中筛选出来的可与目标分子特异性结合的一组寡聚核苷酸［单链脱氧核糖核酸（DNA）或核糖核酸（RNA）］。自 20 世纪 90 年代以来，核酸适配子作为一种新型的亲和配基引起广泛关注，核酸适配子可通过静电作用、范德华力、氢键和碱基堆积等作用与目标分子特异性结合，若目标物为小分子，则核酸适配子往往改变自身构象，以包裹目标小分子。若目标物为蛋白质等生物大分子，则体积相对较小的核酸适配子可嵌入蛋白质等生物大分子表面的特定区域，发生特异性结合。因此核酸适配子配基亲和色谱在针对包括有机小分子、病毒、多肽、蛋白质和细胞等在内的目标物的分离及检测方面的研究十分活跃。例如，Kennedy 等[24]将可识别腺苷的核酸适配子作为固定相，实现了对腺苷及其衍生物（包括环单磷酸腺苷、单磷酸腺苷、二磷酸腺苷、三磷酸腺苷和烟酰胺腺嘌呤二核苷酸）的分离与检测。Drolet 等[25]利用生物素与链霉亲和素的特异性相互作用，将生物素标记的具有 36 个碱基的可识别人 L-选择素（L-selectin）的 DNA 适配子制成亲和柱，可实现 L-选择素受体球蛋白的富集纯化。

4.5.7 生物医用高分子材料的仿生制造技术

生物体是由各种生物分子通过不同层次的组装，自发形成的复杂而精确的组装体系。其基本原理是利用生物分子之间或生物分子中某一片段与另一片段之间的分子识别，相互通过非共价作用，包括氢键、范德华力、静电力、疏水作用力等，形成具有特定有序结构的生物分子聚合体。根据这一原理，主要利用酶、蛋白质、DNA、缩氨酸、磷脂等生物分子仿生组装构建的高分子有序结构，如液晶、胶束、二维薄膜、三维骨架等，可广泛应用于生物传感器、分子器件、生物医用材料等领域。例如，Hartgerink 等[26]利用合成的两亲性多肽分子的自组装，构建出纳米仿生胶原纤维，用于制备复合仿生骨。

利用生物医学原理设计和制造的仿生高分子材料是生物医用材料科学家的努力方向。随着在微观水平上对生物体结构与生命过程的深入研究，以及现代测试和加工技术的不断进步，在分子水平上进行设计、改造和构建生物医用仿生高分子材料已经成为现实。其发展方向主要是纳米化和智能化，包括以下几方面。

（1）仿生加工制造技术　　发展分子自组装技术、微米/纳米图案化技术等制备技术，以提供可重复得到的，具有各种特定化学组成、物理拓扑结构和生物功能的生物医用仿生高分子材料。

（2）改善生物相容性和生物功能性　　利用纳米仿生技术，在分子、细胞和亚细胞层次模拟生命体的微纳结构，提供保持细胞功能活性及生长三维活性组织的最佳条件，特别是应用于组织工程和再生医学材料领域的表面仿生设计。

（3）智能仿生高分子　　生物大分子往往可以高度非线性地响应环境刺激，这种智能性来源于生物大分子间高度协同的相互作用。模拟生物大分子的协同相互作用，可以制备能感觉周围环境变化，并采取相应对策的仿生高分子材料。其中，外界刺激可以是非特异性的温度、压力、声波、离子、电场、溶剂和磁场等，也可以是特异性的酶和抗原等。智能仿生高分子材料可广泛应用于药物基因释放系统、生物分离、人工组织和人工器官等许多领域。

（4）分子器件　通过对生物体功能在原子、分子层次上的研究和理解，采用纳米技术模拟出具有生物功能的类生物体系或器件。可以通过操纵生物大分子制造分子器件，或者模仿和制造类似生物大分子的分子机器。例如，研制由生物大分子构成，将化学能转化为机械能的分子马达；模拟生命过程的各个环节制造的执行某种生物功能的纳米机器。

总之，将生物学、医学、高分子材料科学与纳米技术等相结合，通过在分子水平上设计和制造生物医用仿生高分子材料，必将极大地促进生物医用材料及相关技术的发展，为改善人类的生活质量、造福人类的生命和健康作出贡献。

针对镁合金在潮湿的大气环境中极易腐蚀的关键问题，以 Mg-Al-Zn/Sn 系合金为研究对象，利用激光加工、化学刻蚀相结合的方法在镁合金表面构建可控黏附性的超疏水表面，并采用喷涂法制备的具有优异综合表面特性的超疏水涂层，提高了镁合金的耐腐蚀性能，进一步拓展了镁合金在实际生产中的应用。超疏水涂层样品的腐蚀电流密度与基体镁合金相比降低了大约 2 个数量级，涂层腐蚀抑制效率可达 98.9%，如图 4-11 所示。在侵蚀溶液中浸泡 14 天以后，涂层的阻抗模量仍明显高于基体镁合金，表明涂层可以较长时间地抵抗腐蚀液体的侵蚀。结合超疏水涂层具有的多种优异性能，有利于拓展镁合金的实际应用领域、延长工件使用寿命。

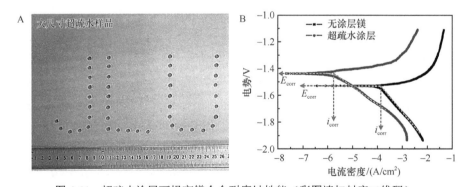

图 4-11　超疏水涂层可提高镁合金耐腐蚀性能（彩图请扫封底二维码）

A. 镁合金薄板表面大规模制备超疏水涂层样品宏观照片；B. 镁合金基体及超疏水样品在质量分数为 3.5% 的 NaCl 水溶液中的动电位极化曲线

参 考 文 献

[1] 韩鑫, 张德远. 鲨鱼皮微电铸复制工艺研究. 农业机械学报, 2011, 42(2): 229-234.

[2] Liu Y H, Li G J. A new method for producing "Lotus Effect" on a biomimetic shark skin. Journal of Colloid and

Interface Science, 2012, 388(1): 235-242.

[3] Chen H W, Zhang X, Ma L X, Che D, Zhang D Y, Sudarshanb T S. Investigation on large-area fabrication of vivid shark skin with superior surface functions. Applied Surface Science, 2014, 316: 124-131.

[4] Gorb E, Haas K, Henrich A, Enders S, Barbakadze N, Gorb S. Composite structure of the crystalline epicuticular wax layer of the slippery zone in the pitchers of the carnivorous plant *Nepenthes alata* and its effect on insect attachment. Journal of Experimental Biology, 2005, 208: 4651-4662.

[5] 贺胤, 胡永茂, 孙淑红, 朱艳. 超滑表面的应用进展. 材料科学, 2018, 8(5): 438-446.

[6] 王帅, 刘志东, 曲映红, 蒋玫, 李磊, 唐保军. 贝壳利用研究进展. 渔业信息与战略, 2018, 33(1): 30-35.

[7] Schiffer T E, Ionescu-Zanetti C, Proksch R, Fritz M, Walters D A, Almqvist N, Zaremba C M, Belcher A M, Smith B L, Stucky G D. Does abalone nacre form by heteroepitaxial nucleation or by growth through mineral bridges. Chem Mater, 1997, 9: 1731-1740.

[8] Song F, Soh A K, Bai Y L. Structural and mechanical properties of the organic matrix layers of nacre. Biomaterials, 2003, 24(20): 3623-3631.

[9] Tang Z Y, Kotov N A, Magonov S, Ozturk B. Nanostructured artificial nacre. Nature Mater, 2003, 2: 413-418.

[10] Deville S, Saiz E, Nalla R K, Tomsia A P. Freezing as a path to build complex composites. Science, 2006, 311(5760): 515-518.

[11] Studart A, Erb R M, Libanori R. Method for the production of composite materials using magnetic nano-particles to orient reinforcing particles and reinforced materials obtained using the method: EP, EP2371522. 2011.

[12] Levi C, Barton J L, Guillemet C, Bras E, Lehuede P. A remarkably strong natural glassy rod: the anchoring spicule of the Monorhaphis sponge. J Mater Sci Lett, 1989, 8: 337-339.

[13] Aizenberg J, Weaver J C, Thanawala M S, Sundar V C, Morse D E, Fratzl P. Skeleton of *Euplectella* sp.: Structural hierarchy from the nanoscale to the macroscale. Science, 2005, 309(5732): 275-278.

[14] Neunham RE. Tunable transducers: Nonlinear phenomena in electroceramics. NIST Spec. Publ., 1991. 804: 39.

[15] 袁朝龙, 钟约先, 马庆贤等. 孔隙性缺陷拟生自修复机制研究. 中国科学(E 辑), 2002, 32(6): 747-753.

[16] 江雷. 仿生智能纳米材料. 北京: 科学出版社, 2015.

[17] Yum J H, Jang S R, Walter P, Geiger T, Nuesch F, Kim S, Ko J, Gratzl M, Nazeeruddin M K. Efficient co-sensitization of nanocrystalline TiO₂ films by organic sensitizers. Chem. Commun. 2007, 44, 4680.

[18] 曾戎, 屠美. 生物医用仿生高分子材料. 广州: 华南理工大学出版社, 2010.

[19] Zhang R, Ma P X. Biomimetic polymer/apatite composite scaffolds for mineralized tissue engineering. Macromol. Biosci., 2004, 4, 100-111.

[20] Albin G, Horbett T A, Ratner B D. Glucose sensitive membranes for controlled delivery of insulin: insulin transport studies. J. Control. Release, 1985, 2: 153-164.

[21] Imanishi Y, Ito Y. Glucose-sensitive insulin-releasing molecular systems. Pure Appl. Chem, 1995, 67: 2015-2021.

[22] Sellergren B. Imprinted dispersion polymers: a new class of easily accessible affinity stationary phases. Journal of Chromatography A, 1994, 673(1): 133-141.

[23] Kempe M, Mosbach K. Direct resolution of naproxen on a non-covalently 28 molecularly imprinted chiral stationary phase, J. Chromatogra. A, 1994, 664(2): 276-269.

[24] Deng Q, German I, Buchanan D, Kennedy R T. Retention and separation of adenosine and analogues by affinity chromatography with an aptamer stationary phase. *Anal. Chem.* 2001, 73, 5415-5421.

[25] Drolet D W, Moon‐McDermott L, Romig T S. An enzyme‐linked oligonucleotide assay. Nat. Biotechnol., 1996, 14, 1021-1025.

[26] Hartgerink J D, Beniash E, Stupp S I. Self-assembly and mineralization of peptide-amphiphile nanofibers. Science, 2001, 294(5547): 1684-1688.

第 5 章　仿生机械设计

5.1　仿生机械设计概述

在自然界中，生物通过物竞天择和长期的自身进化，已对自然环境具有高度的适应性。它们的感知、决策、指令、反馈、运动等机能和器官结构远比人类曾经制造的机械更为完善。把生物系统中可能应用的优越结构和物理学的特性结合使用，人类就可能得到在某些性能上比自然界形成的体系更为完善的仿生机械。

研究仿生机械的学科称为仿生机械学，其目的是通过模仿生物的形态、结构和控制原理设计制造出功能更集中、效率更高并具有生物特征的机械。它是 20世纪 60 年代末由生物学、生物力学、医学、机械工程、控制论和电子技术等学科相互渗透、结合而形成的一门边缘学科。

模仿生物形态结构创造机械的技术有悠久的历史。

15 世纪意大利的达芬奇认为人类可以模仿鸟类飞行，并绘制了扑翼机图。

到 19 世纪，各种自然科学有了较大的发展，人们利用空气动力学原理，制成了几种不同类型的单翼机和双翼滑翔机。

1903 年，美国的莱特兄弟发明了飞机。然而，在很长一段时间内，人们对于生物与机器之间到底有什么共同之处还缺乏认识，因而只限于形体上的模仿。

直到 20 世纪中叶，由于原子能利用、航天、海洋开发和军事技术的需要，迫切要求机械装置具有适应性和高度的可靠性，而以往的各种机械装置远远不能满足要求，这就需要寻找一条全新的技术发展途径。随着近代生物学的发展，人们发现，生物在能量转换、控制调节、信息处理、辨别方位、导航和探测等方面有着以往技术所不可比拟的长处。同时在自然科学中又出现了"控制论"理论。它是研究机器和生物体中控制和通信的科学。控制论是沟通技术系统和生物系统工作原理之间的桥梁，它奠定了机器与生物可以类比的理论基础。

1960 年 9 月在美国召开了第一届仿生学术会议，并提出了"生物原型是新技术的关键"的论题，从而确立了仿生学学科，以后又形成了许多仿生学的分支学科。

1960 年由美国机械工程学会主办，召开了生物力学学术讨论会。

1970 年日本人工手研究会主办召开了第一届生物机构讨论会，从而确立了生物力学和生物机构学两个学科，在这个基础上形成了仿生机械学。

目前仿生机械研究的主要领域有生物力学、控制体和机器人，并向 5 个方向开展设计方法研究。

1）向着特异功能的实现原理与设计方法方向开展研究

通过研究生物组织特性与运行方式、生物特异功能实现的结构机理和物质基础、特异功能实现模式，以及生物功能向工程部件转化的再现原理与技术，实现生物特异功能的高效再现。

2）向着低耗减排的实现原理与设计方法方向开展研究

通过探索生物绿色、低耗制造机制，实现仿生高端智能制造的基础理论、实现方法与关键技术突破，解决我国工业产业新旧动能转换问题。

3）向着高端类生命机械设计方法方向开展研究

通过对生命体结构特征、形成方式的研究，以及对生机结合技术的突破，实现具有生命特性机械系统的设计。通过功能器官及组织"体外再生"的仿生设计及实现策略的研究，解决仿生功能器官及组织制造的科学难题。

4）向着人机环高效共融的实现原理与设计方法方向开展研究

通过研究人机交互、协作方式与作业效率提升之间的互作关系，打破人与机器人之间单纯的"协作"关系，实现人机环无缝对接、便捷化操作、柔性智能化交流等功能。

5）向着极端工况的适应原理与设计方法方向开展研究

通过对极端条件下生存生物和具有极限功能生物的研究，分析其运动、生理、感知等功能的组织结构原理，并据此进行面向极端条件的机械系统仿生设计原理与方法研究。

5.1.1 仿生机械设计

仿生机械设计（bionics mechanical design，BMD）是指充分发挥设计者的创造力，利用人类已有的机械设计相关技术成果，借助现代工程仿生学的创新思维方式，设计出具有新颖性、创造性及实用性的机械机构或产品（装置）的一种实践活动。仿生机械设计是基于传统机械设计基础，而又高于传统机械设计的创新设计。图 5-1 表明了仿生学、工业设计、机械设计及仿生机械设计的关系。

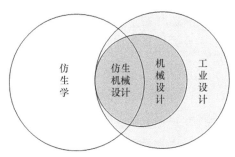

图 5-1 仿生学、工业设计、机械设计及仿生机械设计的关系

仿生设计为机械设计提供了创新思维、创新方法和创新理念。仿生机械设计依托生物模本优异特性所创造的或者改进的机械产品具有生物相关的优良特性。仿生机械设计研究的主要内容如下。

1. 机械形态结构仿生设计

机械形态结构仿生设计是仿生机械设计的核心内容之一,通过研究生物的结构奥秘和机理进行机械形态结构仿生设计。自然界的生物经过长期与自然环境的磨合,形成了复杂的、适应各种外界环境的结构特征或体表形态。这些结构特征或体表形态为机械仿生设计提供了最佳的宏观和微观的结构原型。例如,土壤动物体表普遍存在几何非光滑形态,这些非光滑体表与土壤相互作用可以减小土壤与动物非光滑体表的黏附力和摩擦力,以这些仿生非光滑表面为灵感所设计的仿生非光滑表面的地面机械的触土部件能够取得较好的减黏脱附效果。

2. 机械运动机构仿生设计

机械运动机构仿生设计是机械仿生设计又一核心内容。目前,机械机构仿生设计主要是从形态、结构、控制和功能等方面对动物进行模仿,这对于全面了解和利用动物运动特征十分重要。机构仿生设计的典型代表性领域当属仿生机械手设计。人的上肢具有较高的操作性、灵活性和适应性,机械手正朝着与人上肢功能接近的方向发展。人的一个上肢有 32 块骨骼,由 50 多条肌肉驱动,由肩关节、肘关节、腕关节构成 27 个空间自由度。肩和肘关节构成 4 个自由度,以确定手心的位置。腕关节有 3 个自由度,以确定手心的姿态。手由肩、肘、腕确定位置和姿态后,为了掌握物体做各种精巧、复杂的动作,还要靠多关节的五指和柔软的手掌。手指由 26 块骨骼构成 20 个自由度,因此手指可做各种精巧操作。目前,世界上很多国家开发和设计了各种各样的仿生机械手,如英国 Shadow 机器人公司在 2004 年研制的 Shadow 五指仿人灵巧手,在外形上很接近人手,共有 19 个自由度,具有位置传感器、触觉传感器及压力传感器,采用气动人工肌肉作为驱动元件[1]。苏格兰 2008 年生产的 i-LIMB 仿生手可以让使用者顺利进行开锁、输入密码、开易拉罐等精细动作。

3. 机械材料仿生设计

材料仿生设计范围广泛，包括生物组织形成机理、结构和过程的相互关系，并最终利用所获得的结果进行材料的设计与合成，以适应机械的各种性能要求。天然生物材料的分级结构、微组装和功能研究是材料仿生设计的依据，天然生物复合材料结构为新型复合材料研究提供了仿生学基础。分析天然生物材料微组装、生物功能及形成机理，发展仿生高性能工程材料以代替现有金属材料改善某些力学性能具有重要意义。例如，Dalton 等通过纺丝技术成功地将单壁碳纳米管（直径约 1nm）编织成超强碳纳米管复合纤维（含 60% 的碳纳米管）。这种碳纳米管复合纤维具有良好的强度和韧性，其拉伸强度与蜘蛛丝相同，但其韧性高于目前所有的天然纤维和人工合成纤维材料，比天然蜘蛛丝高三倍，比凯芙拉纤维高 17 倍。

4. 机械控制仿生设计

现代机器系统大多是机电一体化的集成体，机械智能控制是实现现代机械系统作业性能的保证。机械智能控制仿生设计是智能仿生机器人设计的重要内容。仿生机器人的发展在很大程度上代表了机械智能控制仿生设计的水平。过去以定型物、无机物等规格化目标为作业对象的机器人在工业领域得到长足发展。近年来涉及以复杂多样的动植物为作业对象的农业机器人备受青睐[2]。日本、美国等发达国家在这方面的研究居于世界之首。作业对象的复杂多样要求机器人除了应具有一般工业机器人的定位、导航功能，还应该准确识别作业对象的无规则形状，精确知道自身当前的位姿，以实现精确定位和均匀作业。

5.1.2 仿生机械设计特点

仿生机械设计是在仿生学、机械学和设计学的基础上发展起来的，对研究人员要求较高，需具备生物学、物理学、机械学和控制论等多门学科知识，研究对象广泛，以自然界万事万物的形、色、音、功能、结构等为研究对象。换句话说，仿生机械设计就是利用创新的理念与方法给人类的机械发明提供另一种发展模式，模拟自然界万物的生存方式，从一个独特的视角探索世界，实现机械科学技术的改革和创新。仿生机械设计最大的特点在于在机械设计的基础上引入了仿生设计，所以仿生机械设计既具有传统机械设计的特点又具有仿生设计的优势[3]。仿生机械设计的主要优势和特点如下。

1）依托仿生学研究成果，为机械设计提供科学技术支持

仿生学对生物系统结构与性质的研究成果是机械设计得以构想、实施和展示的有力科学依据。仿生学对机械设计的意义在于透过自然现象探究自然系统背后的机理，即生物工程技术与工作原理，为机械设计的构想打开一片广阔的领域，为机械设计的实施提供理论与技术支持，最终达到机械创新的目的。

2）赋予机械设备更多的生物优异功能

自然界是人类创造、发明的源泉，从古至今，有很多从生物界受到启发而解决技术难题的例子。仿生机械设计是把自然界生物所具有的与机械设备需求相适应的优异功能转化为生产力的重要手段。通过仿生机械设计，将生产出能量消耗最低化、效率最高化、适应性最强化、寿命最长化的机械设备。

3）体现机械设计的自然亲和力和环保特性

在机械设计中由于仿生对象的自然属性，设计也必然或多或少地映射出与大自然的联系，即在仿生机械设计中蕴含着某些自然属性，而这些自然属性都是天然环境友好特性，从而使设计出的机械设备更具自然亲和力和环境保护特性。

5.1.3 仿生机械设计原理

随着时代的发展，人们对机械设备的自动化、效率化、环保化等要求越来越高。仿生机械设计以实际需求为目标，在一定的设计原则约束下，运用先进的设计原理、方法，不断创新，进而创造出满足实际需求的机械设备。

1. 相似性原理

相似性原理即在仿生机械设计过程中，产品与被仿的自然物具有某种相关性。从物质现象层看，仿生机械设计可分为造型仿生机械设计、色彩仿生机械设计、肌理仿生机械设计、功能仿生机械设计和结构仿生机械设计等。尽管仿生的元素有一定区别，但其身上都包含着与设计中的机械设备相似的特征，即相关性。

典型例子如产品的形态仿生能够满足消费者的情感需求，部分仿生产品在形态上与自然生物有一定的相似性。玛莎拉蒂 3200GT 的外观造型运用的就是形态相似性原理，它的车身正侧造型像一条张嘴的小鱼，后视镜模仿了驼类动物的耳朵，这些动物的辨识度都很高，一旦进入视线，必会引起联想。保时捷、法拉利等跑车系列常常在车身造型上模仿奔跑速度极快的猎豹或者老虎等猛兽，用以表现驾驶者的勇猛犀利，满足消费者的心理需求。

2. 功能性原理

仿生机械设计的第一要素是功能，它是该设计追求的第一目标。生物行为具有功能性，一种生物在其行为进行过程中会展现出一种或多种生物功能，以适应环境变化。功能性原理即在仿生机械设计过程中，被仿生物的某种优异功能能够在理论上解决待设计的机械设备的问题，并且该种功能有望成功转化到具体的机械设备中。一般的仿生机械设计过程是研究某一生物的行为，解析其功能原理，并用这种原理去改进现有的或建造新的机械设备，进而达到促进设备的更新换代或开发，人们在使用设备的过程中获得最人性化、自然化、便利化体验的目的。

例如，乌贼运动速度极快，素有"海中火箭"之称，它在逃跑或追捕食物时，最快速度可达 15m/s。经过研究发现，乌贼的尾部有一环形孔，正常运动时，海水经过环形孔进入外套膜，与此同时软骨把孔封住，而将要进行快速运动时，外套膜猛烈收缩，软骨松开，水从前腹部的喷水管急速向后喷射出去，能够马上产生很大的推力，使乌贼像离弦之箭冲刺前进。人们根据乌贼这种巧妙的喷水推进方式，设计制造了一种高速喷水船，用水泵把水从船头吸进，然后高速从船尾喷出，推动船体飞速向前。

3. 比较性原理

比较性原理即为保证仿生机械设计的有效性，在设计过程中需要从不同方面对初步选定的生物群进行比较分析，并且在随后设计中需要对一系列仿生形态特征参数和实验条件进行优化分析比较。不同生物体可能具有对机械设计有益的同种属性，按照不同设计方法生产出的机械设备功能性可能有一定的差异。在仿生机械设计的过程，首先需要对生物特征参数进行提取和定量统计，而后通过实验优化、计算机模拟、有限元分析、统计不变量等一种或多种方法，根据建立的仿生模型，对仿生形态特征参数和实验条件进行优化和分析，从而甄选出最佳参数。

四足仿生机器人一直是机器人领域研究的热点。上海交通大学田兴华等通过分析比较前人设计的四足机器人的腿构形，提出了三种用于高速、高承载四足仿生机器人的混联腿构形。随后对三种混联腿方案的工作空间、承载能力及整机在前后、左右方向运动的各向同性度进行了分析比较，确定第三种方案为最佳方案。最终，将第三种方案与经典串联腿构形进行了对比，证实了第三种方案的可靠性。

5.1.4　仿生机械设计方法

仿生机械的主要类型有构形仿生机械、形态仿生机械、结构仿生机械、材料仿生机械和功能仿生机械等，但具体到仿生机械设计方法，一般分为以下两种：

①从生物到仿生机械产品，也就是在生物学自身的研究过程中有针对性地选取对解决工程问题有借鉴意义的部分进行仿生机械设计；②从机械产品到生物，也就是根据工程领域和生产实践过程中提出的相关问题，找到合适的生物模本，并利用各种先进技术研究与此问题相关的形态、结构或功能来进行仿生机械设计。

从生物到仿生机械产品的仿生机械设计方法一般是从具体的生物形态到仿生思维创造，由明确的生物对象激发出仿生灵感，最终形成机械产品设计。从具体的生物对象到仿生思维创造，是一个从具体到抽象的过程，这个过程不是单纯地很具象地把某个生物直接搬到某个机械产品上，而是要经过一系列的抽象思维、信息转化及综合考量，找到切入点，这样设计出来的机械产品才会有创新性和实用性，而且这个过程是需要经过多次反复的。从具体的生物形态到仿生思维创造，我们的思维是发散式的，而从仿生思维创造到新产品设计就需要收敛了。因为在前面的思维过程中我们构想出来的方案也许有的已经是产品了，有的还没有最终定型，这就需要我们经过进一步的思考，寻找最佳的构想。在这一过程中我们需要以最初的生物为原型，让人既要看到所仿生物的影子又要看到从这一生物出发所构想到的产品，找准最佳的最巧妙的结合点。这就需要设计师有敏锐、透彻的观察力和感知力，对生命特征的本质理解和较强的抽象思维能力，以及较高的形态创造、表现和整体把握能力，以使仿生设计的产品与生物在生命意义上达到从形式到内容的和谐。

从机械产品到生物的仿生机械设计方法，一般有明确的目标机械产品，然后以目标产品概念主导仿生设计为前提，它是在设计目标明确、产品概念形成的条件下，以仿生思维与活动为主要内容的过程计划，是目标产品设计程序的组成部分。生物是大自然这位杰出的"设计师"塑造出来的最杰出的"机械产品"，有了明确的机械产品概念后，就可以在大自然中寻找和发现解决问题的对应生物。无数的对应生物提供了无数的创意，这跟我们平时仔细观察周围事物是分不开的。

从机械产品到生物的仿生机械设计过程中，首先要明确仿生设计概念。根据新产品设计目标与新产品概念的需求，分析其特点，找出仿生的思维方式和内容方向。具体来说，是对与产品构成要素相对应的生物形态、功能、结构、美感和意向等特征的方向性确定与描述，并与产品概念融合形成目标产品的仿生设计概念，然后在自然生物系统中寻求、搜索与仿生概念相关的仿生目标对象，通过观察、认知、研究来筛选并确定对仿生设计有启迪意义的内容。其次，进行仿生设计联想。凭借我们平时观察自然所积累的知识，经过感性的思考，寻找仿生目标，并进一步对该目标进行重新认识与归纳，再运用理性和推理的思考方式来进行演绎与修正，这个过程中思维是不断跳跃的。最后就是仿生设计方案的提出。根据前面所想到的构思，形成设计草图，对这些草图进行分析、评价、再分析、再评价，从而确定最终的方案。

5.1.5 仿生机械设计信息与获取

5.1.5.1 仿生信息获取方法

仿生信息获取是指围绕一定目标，在一定范围内，通过一定的技术手段和方式方法获得原始信息的活动与过程。针对仿生机械设计而言，主要需要获取两类信息：生物信息和机械信息。生物信息包括各种生物特性、生活特性和生境特性等。机械信息包括机械创新应用信息、机械缺陷信息及机械改进信息等。

仿生信息获取是仿生机械设计的第一个基本环节，必须具备三个步骤才能有效地实现。

（1）制定仿生机械设计信息获取的目标要求，即所需获取的仿生信息及用途。不同的仿生信息对不同人的价值和意义不一样。仿生机械设计人员需要根据自身的要求去获取信息，在获取信息的过程中需要考虑这些仿生信息的时效性、地域性及可靠性。

（2）确定仿生机械设计信息获取方法。采取正确的技术手段、方式和方法获取信息能够起到事半功倍的效果。由于信息来源技术特点的不同，信息获取的方法也多种多样。例如，如果要获取生物信息，可以采取现场调查观察法、问卷调查法和访谈法等，即对某种生物的行为、习性和形体等进行近距离无接触的考察，当然也可以询问有关生物学方面的专家。获取仿生机械设计信息最方便的自然是计算机检索，计算机检索到的信息包括文献型信息、数据型信息、声像型信息及其他多媒体信息等，运用计算机检索技术获取仿生机械设计信息的方法更加方便快捷。

（3）对仿生机械设计信息进行评价是有效获取信息的一个非常重要的步骤，它直接涉及信息获取的效益。评价的依据是先前确定的信息需求，比如信息的数量、信息的适用性、信息的载体形式、信息的可信性和信息的时效等。

5.1.5.2 仿生信息处理方法

仿生信息处理就是对已获取的仿生信息进行接收、判别、筛选、分类、排序、存储、分析、转化和再造等的一系列过程，使收集到的仿生机械设计信息成为能够满足我们需要的信息，即信息处理的目的在于发掘信息的价值，方便用户的使用。信息处理是信息利用的基础，也是信息成为有用资源的重要条件。

在大量的原始信息中，不可避免地存在一些假的信息，只有认真地筛选和判别，才能避免真假混杂。最初收集的信息是一种初始的、凌乱的、孤立的信息，只有对这些信息进行分类和排序，才能有效地利用。通过对信息的处理，可以创造出新的信息，使信息具有更高的使用价值。信息处理的类型主要有以下几方面。

（1）基于程序设计的自动化信息处理，即针对具体问题编制专门的程序以实现信息处理的自动化，称为信息的编程处理。编程处理的初衷是利用计算机的高速运算能力提高信息处理的效率，超越人工信息处理的局限。

（2）基于大众信息技术工具的人性化信息处理，包括利用字处理软件处理文本信息，利用电子表格软件处理表格信息，利用多媒体软件处理图像、声音、视频、动画等多媒体信息。

（3）基于人工智能技术的智能化信息处理，即利用人工智能技术处理信息。智能化处理要解决的问题是如何让计算机更加自主地处理信息，减少人的参与，进一步提高信息处理的效率和人性化程度。

5.1.5.3 仿生信息工程化的方法及原则

仿生信息工程化的方法主要有计算机辅助设计、虚拟设计、有限元法及模块设计。

仿生信息工程化不仅要遵循一般的工程化准则，还要遵循仿生信息工程化的准则。

（1）在仿生信息工程化时，首先，应该进行需求性分析，主要包括功能需求、性能需求、环境需求和可靠性需求等；其次，逐步细化和分析需求；最后，对初步构思的正确性、完整性和清晰性及其他需求给予全面评价。

（2）在仿生信息工程化时，要为产品设计提供科学的原理、技术与结构等方面的支持，要体现设计的自然亲和力，要赋予设计更多的精神与文化内涵。

（3）在仿生信息工程化时，要注意把握尺度，虽然仿生信息来源于自然，但绝不是简单的"拿来主义"，更不是形而上学的机械式的照搬、照抄，要注意对各学科理论的综合应用，更要注重人与环境的和谐共生。

5.1.6 仿生机械设计步骤

5.1.6.1 明确设计要求

明确设计要求是仿生机械设计的基础。仿生机械和其他机械一样都有一些基本设计要求，它们分别是使用功能要求、经济性要求、劳动保护和环境保护要求、寿命可靠性要求及其他专用要求。仿生机械应具有预定的使用功能。这主要靠正确地选择仿生机械的生物模本、正确的模本表征与建模，以及提出合理的设计原理和方法来实现。仿生机械的经济性要求体现在设计、制造和使用的全过程中，设计仿生机械时就要全面综合地进行考虑。设计制造的经济性表现为机械的成本低，使用的经济性表现为高的生产率和效率，较少的能源消耗、原材料和辅助材料，以及低的管理和维护费用。一般情况下仿生机械都具有天然的劳动保护和环境保护要求。仿生机械和普通机械一样都需要满足一定的寿命要求才能正式成为具有可靠性的机械产品。

5.1.6.2 选择生物模本

明确了设计要求，选择合理的仿生模本成为仿生机械设计的核心。在自然法则下，为适应自然环境和满足生存需要，生物经过亿万年的进化，优化出各种各样的形态、构形、材料和结构，形成了对生存环境具有最佳适应性和高度协调性的优异特性。选择合理的生物模本也就是要综合考虑生物的优异特性，从而选出最适宜、最优秀和最典型的仿生生物对象。

在挑选合适的生物模本之前，我们首先要了解生物的特性，并在此基础上，择其优。生物特性按照生命过程可划分为生长特性、行为特性、运动特性和生境特性。生物特性是指生物在适宜的条件或者环境中具有按照一定的模式进行生长的特性，表现为组织、器官、身体各部分以致全身的几何形状、形态、大小和质量的可逆或不可逆改变及身体成分的变化。行为特性是指生物呈现出的对内外环境变化所作出的相应反应特征，如动物的取食、御敌、沟通、社交和学习等。运动特性是指生物展现的在一维、二维或多维空间内整体或部分进行移动的特征。生境特性是指生物经过长期的进化与自然选择，呈现出的与生存环境相适应的特征、品质和品性。

在充分了解生物的特性之后，综合机械产品的设计要求，找出最合适的仿生模本。这个过程往往不是一蹴而就的，需要反复地比较合理性和特征生境适应性。

5.1.6.3 模本表征与建模

在选择了合适的仿生模本之后，对模本的表征和建模是仿生机械设计的关键。对生物模本关键形态、结构、构成、组成和特性的表征有利于准确地建立仿生模型，而准确的仿生模型的提出有利于设计者总结和提出创新性的仿生机械设计原理与方法。

现有的建模类别主要有以下几种。

（1）物理模型　　物理模型是指通过对生物的基本形态进行简化或按比例缩小（放大）而构建的实物模型。例如，人体足部耦合功能特性对仿生机械、仿生行走、军事科技、足部医学和体育竞技等领域均具有重要意义。在研究过程中，建立精准的足部耦合物理模型是研究足部耦合功能特性的基础。

（2）数学模型　　生物数学模型是指用数学语言描述的一类模型，即为了描述某种特定的生物功能，根据生物的特征规律及其相互关系，做出一些必要的简化假设，运用适当的数学工具得到的一个数学结构模型。

（3）结构模型　　结构模型是将单元生物构成视作构件，耦联视作结构关系而构建的一种模型。例如，蜻蜓膜翅通过特殊的形态、巧妙的结构和轻柔的材料等因素耦合展现出了超强的飞行能力和良好的力学性能，为飞机机翼提供了天然的生物模本。

（4）仿真模型　　生物仿真模型是指通过数字计算机模拟计算机运行程序以描述和表达生物模型。采用适当的仿真语言或程序使得生物物理模型、生物数学模型或生物结构模型转变为生物仿真模型。例如，蝼蛄鞘翅通过形态、结构和材料等耦元耦合具有良好的力学性能，在对其进行力学测试时，如果直接在蝼蛄鞘翅上进行，在完成一项力学测试后，可能会破坏鞘翅耦合系统，而影响力学测试的结果。因此，建立生物仿真模型，可对其进行不同的力学测试。在选定了合理的建模类别之后，需要对仿生模本进行建模，一般的建模步骤如下。

a. 明确问题

生物模型建立的首要任务是，要明确欲研究生物的主要功能。特别要研究分析生物功能实现模式及其与环境因子的关系，确定建模的目的；问题明确后，应选择合适的建模方法。通常，建模应先核心后一般，先易后难，根据研究的功能目标和具体要求逐步完善。

b. 合理假设

根据生物的特征和建模的目的，对问题进行必要的、合理的假设，可以说这是建模的关键步骤。一个实际问题不进行合理假设，就很难"翻译"成数学语言或欲建的模型语言，即使可能，也会因其过于复杂而很难求解。模型建立的成功与否，很大程度上取决于假设是否恰当。如果假设试图把复杂生物的各方面因素都考虑周全，那么或者模型无法建立，或者建立的模型因为太复杂而失去可解性；如果把本应当考虑的因素忽略掉，模型固然好建立并且容易求解，但这时建立的模型可能因反映不出生物主要信息，而使得模型失去存在价值。因此，建模过程中，要根据生物实际问题的要求，做出合理、适当的假设，在可解性的前提下力争有更高的可信度。此外，合理的假设在建模过程中除了可以简化问题，还可以对模型的使用范围加以明确的限定。

c. 模型构建

根据欲研究问题的具体情况和所做的假设，全面分析生物中各特征与属性及其相关关系，利用适当的建模工具与方法，建立各个特征量（常量与变量）之间物理的、数学的、数学物理的等关系结构，才是生物建模的核心工作。

d. 模型求解

模型求解即采用解方程、画图形、定理证明、逻辑运算、数值计算、可拓分析与优化处理等各种传统的和现代的方法得到模型有效解的过程。不同生物模型的求解一般涉及的求解知识不同，求解的技术思路也可能有异，目前尚无统一的具有普适意义的求解方法。因此，对于不同的生物模型，首先应优选出合适的求解方法。

e. 模型解分析

模型求解后，应对解的意义进行分析和讨论，根据问题的需要、模型的性质和求解的结果，有时要分析和揭示生物机理、生物功能与生物特征间的变化规律，有时要给出合理的预报、最优化决策或控制。无论哪种情况，还常常需要对模型进行稳健性和灵敏性分析等。模型相对于客观实际不可避免地会有一定的误差，一般来自建模假设的误差、近似求解方法的误差、计算工具的舍入误差、数据测量的误差等。因此，对模型参数的误差分析也是模型解分析的一项重要工作。

f. 模型解检验

所谓模型解的检验，即把模型分析的结果"翻译"回到实际问题中去，与实际的生物耦合现象、相关数据进行比较，以检验模型的合理性和实用性。生物耦合建模会受到许多主观和客观因素的影响，必须对所建模型进行检验，以确保其可信性。模型检验的结果如果不符合或部分不符合实际，原因是多方面的，但通常主要出在模型假设上，应该修改、补充假设，完善模型或重新建模。有时模型检验要经过几次反复，不断改进、不断完善，直至检验结果符合相关要求。

g. 模型解释

模型解释是指根据一定的规范对模型进行文字描述，建立模型文档。在建模过程中，通过编写模型文档，可以加深对模型的认识，消除模型的不完全性、不确定性和不一致性，提高建模的规范化程度。同时，对模型进行解释，建立模型文档，也便于使用者迅速、清晰地了解模型的结构、功能、使用方法和适用范围等。

5.1.6.4 提出设计原理与方法

在对生物模本进行准确表征和建模的基础上，提出设计原理和方法是仿生机械设计的灵魂。要想将生物优良特性很好地在仿生机械上再现，准确的设计原理和方法的提出是其必要条件。仿生机械原理是在仿生研究过程中通过大量观察、实验，归纳、概括而得出的，能够有效地指导仿生机械设计活动，并在仿生机械设计实践中不断地完善。生物过程是一个极其复杂的过程，其中蕴含各种各样的自然原理和规律，或者说生物将各种各样的自然原理和规律运用到了极致。生物在亿万年的进化过程中被迫地适应各种各样的环境，在此期间将各种各样的自然规律相互耦合，从物理原理到化学原理，从结构原理到材料原理。生物在被动的适应过程中运用生命的智慧将这些原理相互柔和、优化来应对恶劣的生存环境，从而更好地繁衍生息。仿生设计原理和方法的提出就是要探索和发现这些被生物运用的原理和规律，将这些原理和规律迁移和再现到其他的机械产品中，从而使得机械产品获得具有某些生物特征的优异功能。

5.2　机械仿生形态与结构设计

5.2.1　设计原则

1）功能性原则

功能性原则是指设计出的仿生产品必须能够有效实现生物模本所具有的特殊的生物功能，达到预期的功能目标[4]。实现特定的功能是机械仿生形态与结构设计的最终目的。

2）可行性原则

可行性原则是指在仿生形态结构设计计划阶段，对拟设计的仿生方案实施的可行性、有效性进行技术论证和经济评价，以保证该方案技术上合理、经济上合算、操作上可行[4]。

3）相似性原则

相似性原则是指从生物功能、特性、约束、品质等多个方面分析和评价各种生物模本与机械产品间的相似程度，优选出最合适的生物模本，以保证机械仿生形态结构设计的合理性和有效性[4]。

4）艺术性与技术性相结合的原则

对机械产品的形体与结构设计一定程度上要显现出艺术美，但是艺术美的体现始终应当以技术为基础。机械产品的仿生形态与结构设计应当注重艺术与技术变化和统一之间的关系。

5.2.2　设计方法

根据生物原型的尺度、形态、类别的不同及机械产品形态与结构设计要求，具体的设计方法也有所不同。常用的有以下几类方法。

1）生物模板法

生物模板法是在材料的制备过程中，根据目标结构引入适合的生物模板，然后利用模板表面的官能团与前驱体之间发生的化学上、物理上、生物上的络合与约束，在无机材料的生长、形核、组装等过程中起引导作用，进而控制形貌、结构、尺寸等，最后通过高温烧结等方法把模板去除，得到较好复制模板原始特殊分级结构的目标材料[5]。

2）逆向工程法

逆向工程（reverse engineering，RE）也称反求工程、反向工程等，它是将生物模型转变为 CAD 模型相关的数字化技术、几何模型重建和产品制造技术的总称，通常用于宏观仿生形态结构设计。

3）生物形态简化法

生物形态一般是比较复杂的有机形态，需要通过规则化、条理化与秩序化、几何化、删减补足、变形夸张、组合分离等手段对其进行简化[5]。

4）意象仿生法

仿生物意象产品设计一般采用象征、比喻、借用等方法，对产品的形态、色彩、结构等进行综合设计。在这个过程中，生物的意象特征与产品的概念、功能、品牌及产品的使用对象、方式、环境特征之间的关系决定了生物意象的选择与表现。生物形态简化与意向仿生法常用于机械产品的外观造型设计。

5）具象形态仿生

具象形态仿生是对生物形态的直观再现，设计构建在人类对客观对象的认知基础之上，通过对生活经验及生物常态的凝练，力求最为真实地表达和再现自然界的客观形象[5]。

6）抽象形态仿生

抽象形态仿生是对自然生物形态的凝练，表达了自然生物形态的本质属性。它超越了直觉的思维层次，利用知觉的判断性、整体性、选择性，将生物形态的内涵理念及本质属性转移至仿生对象的造型中。

5.2.3 仿生机械外形设计

外形仿生，即体态、形状、构形仿生，源于人类祖先朴素的形状相似仿生理念。仿生机械外形设计是以自然界中的生物形态为参考对象，根据一定的设计法则将生物形态主要特征"迁移"至机械外形，并在功能上建立起关联指向的过程。仿生机械外形设计不仅强调产品的外延性意义，也关注产品的象征意义。

5.2.3.1 平滑流线型

1）平滑流线型的概念

平滑流线型通常是由鸟类、鱼类等在流体介质中生活的生物的外形提取出来的，一般用于车辆、飞行器、船舰等外形设计，以达到减阻、降噪、增效、稳定、美观的目的。

2）平滑流线型设计的原则、方法、步骤

平滑流线设计应注意艺术性，但要特别注意艺术性与技术性结合和相似性原则。设计方法主要采用逆向工程法，在工业设计中通常把逆向工程法和意象仿生法相结合进行设计。

3）设计实例：奔驰盒形汽车

设计步骤如下。

（1）生物原型的选取及可行性分析　　为了奔驰概念商务车"Bionic Car"的研发，奔驰的设计师及专家在自然界寻找到了热带海洋里的"boxfish"，如图5-2所示，它具有良好的空气力学外形，并且能与汽车外形相结合。它的身体虽然呈立方体，但却具有出色的流线特征。

（2）生物特征的认知与仿生特征的提取　　采用逆向工程法及具象形态仿生法获得生物特征的几何点云数据，用三维造型软件对点云数据进行修正和完善。

（3）生物特征的机械产品设计转化　　根据三维模型加工出实物模型进行模型实验或利用计算机仿真技术对三维模型进行虚拟样机实验，优化模型如图5-3所示。根据此模型设计人员设计出了这款盒形汽车，如图5-4所示。

（4）仿生形态设计的评价与验证　　用风洞实验对优化模型进行实验验证，模型的风阻系数为0.095，这是具有高度流线形态的车型才能达到的。

图 5-2　盒子鱼　　　　图 5-3　奔驰泥塑模型　　　图 5-4　盒形汽车

5.2.3.2　力学稳健形

1）力学稳健形的概念

力学稳定性主要考虑的是机械运动的平稳性，比如陆地机器在地面上运动的抗倾翻能力及在空中抗翻转的能力、水下机器抗干扰保持方向稳定性的能力、空中机器保持姿态稳定性的能力等。力学稳健形是指满足力学稳定性的外形。鸵鸟、袋鼠等生物，虽然只有二足触地，却能快速跳跃奔跑并保持稳定，其外形就是典型的力学稳健形。

2）力学稳健形的设计的原则、方法、步骤

力学稳健形仿生设计主要遵循的原则为功能性原则和相似性原则。常用的设计方法为生物形态简化法和抽象形态仿生法。具体步骤为：①对具有力学稳健形的生物的肢体结构进行规则化、几何化，研究其稳定机理；②根据稳定机理，作出抽象化的几何图形，并将几何图形转化为杆、铰链等机械元素；③根据工程力学设计机械模型，制作样机。

3）设计实例：仿袋鼠机器人

设计步骤如下。

（1）生物原型的选取及可行性分析　　袋鼠凭借其粗长尾巴的调节功能使其具有稳健的跳跃姿态，再加之其跳跃速度快、落脚面积小、避障能力强等优点，无疑是弹跳领域的佼佼者。

（2）力学稳健性几何化及稳健机理分析　　图 5-5 为袋鼠的结构示意图，由图可知，其前肢在袋鼠觅食和行走时起支撑作用，后肢和脚主要用来跳跃，尾巴在袋鼠觅食和行走时也起支撑作用，并在跳跃中起平衡和控制方向的作用。头部和前肢在袋鼠的跳跃中自然摆动，对身体也有一定的平衡作用。

（3）几何图形向机械元素方面转化　　如图 5-6 所示，构件 5 和构件 4 的连接处为臀关节，构件 4 和构件 3 的连接处为膝关节，构件 3 和构件 2 的连接处为踝关节，构件 2 和构件 1 的连接处为趾关节。共有 5 个自由度。

（4）样机制作　图 5-7 为日本 Hyon 等[6]根据图 5-6 设计的 Kenken 单腿机器人。

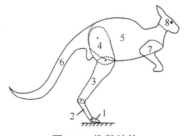

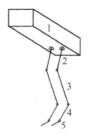

图 5-5　袋鼠结构　　　　　图 5-6　仿袋鼠机构模型

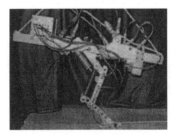

图 5-7　日本 Kenken 单腿机器人

5.2.3.3 环境适应形

1）环境适应形的概念

生物与其环境介质和生存条件长期相互作用，促使其进化出高度适应生存环境的构形。这些生物构型通常具有优异的工作性能，我们称其为环境适应形。

2）环境适应形设计的原则、方法、步骤

环境适应形仿生设计主要遵循的原则为功能性原则和相似性原则，设计方法主要为逆向工程法。

3）设计实例：仿野猪头起垄器

设计步骤如下。

（1）仿生原型的选取与功能相似性分析　　起垄铲是耕地机械的重要工作部件，合理优化起垄铲结构以减小阻力、降低能耗，是农机工程的实际需求。野猪生来就具有拱土的特性，经过长期进化，其面部具有优良的减阻功能。野猪这种拱土特性与起垄铲铲面的触土特性极为相似，所以选取野猪头部作为设计起垄铲的生物模本，如图 5-8 所示。

（2）仿生信息的获取与处理　　采集野猪头部的三维点云数据，并对点云数据进行几何重建得到野猪头部三维模型（图 5-9）。

（3）生物特征的机械产品设计转化　　根据此模型设计出仿生起垄铲，如图 5-10 所示。

（4）仿生设计评价与检验　　对其进行计算分析，发现仿生起垄器铲面在起垄时所受应力与普通起垄器铲面所受应力相比，降低了 13% 左右。

  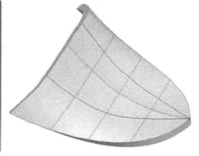

图 5-8　野猪头部样本　图 5-9　野猪头部三维模型　图 5-10　仿野猪头部的起垄铲

5.2.4 仿生机械表面形态设计

5.2.4.1 拓扑形态

1）拓扑形态的概念

拓扑形态是在仿生原型拓扑变换中，有关图形的大小、形状等度量将发生变化，而有关图形的点、线、面、体之间的关联、相交、相邻、包含等关系将保持不变，依据这种拓扑关系进行的一种仿生设计。

2）拓扑形态设计的原则

在进行拓扑形态仿生设计的过程中遵守 5.1 节中的设计原则。此外，在拓扑形态设计中还需注意：拓扑性质是知觉组织中最稳定的性质，那么在产品形态仿生设计中要尽可能地保持这种性质的稳定性，即稳定性原则。

3）拓扑形态设计的方法

拓扑形态仿生设计的方法主要有逆向工程法、生物形态简化法、意象形态仿生法、具象形态仿生法、抽象形态仿生法。具体详情参照 5.1 节。

4）拓扑形态设计的步骤

第一步：确定研究目标。首先以设计流程为线索，对产品形态仿生设计的核心过程（生物形态特征的分析、提取、简化、生成环节）进行分析，探寻其中较为模糊及不确定的点，将其锁定为研究目标。

第二步：理论分析。针对研究目标，尝试将拓扑学研究中的拓扑性质作为理论依据进行理性约束。

第三步：提出策略。针对具体的研究目标，建立相应的拓扑性质约束策略。分别在生物形态特征的分析、提取、简化、生成环节进行分析并提出策略。

第四步：策略校验。对于上述约束策略（可能存在疑虑）进行实验设计及校验。

第五步：设计实践。将拓扑性质在产品形态仿生设计过程中的约束策略进行实践运用，将拓扑性质约束策略运用到设计实践中。

5）拓扑形态设计案例：螳螂特征的认识

对螳螂摄影图片进行搜索，依据图片拍摄角度呈现的趋势选出常态角度，然后去除干扰背景。按螳螂形态特征在认知中的稳定性进行排序。

第一层级是受众知觉所把握的整体组织，即螳螂原型。

第二层级划分时，考虑到螳螂前足为"显著特征"，因此列于拓扑结构之前。

第三层级划分，是对螳螂拓扑结构的划分，将第二层级的拓扑结构（颈部、躯干、下肢、翼部、尾部）分别看作整体，进行局部特征的寻找。寻找依据是与同纲"标杆"进行比较，如图 5-11 所示，根据多种标杆的比较判断，其中螳螂的头部（三角形）、躯干（躯干细长）、腹部（腹部下垂）具有特色。

图 5-11　同纲多种典型标杆生物比较

第四层级划分，是跟同科（目）内的标杆生物进行比较，由于螳螂在本科中已经较为典型，在受众知觉中具有较为稳定的形象，因此继续以同纲生物为主，此时针对性地选择形态比例上跟螳螂差不多的蟋蟀和蚱蜢进行细节比较，如图 5-12 所示，发现螳螂的复眼、口器具有特色。

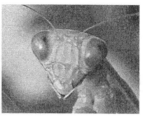

图 5-12 同纲形态相近的标杆生物比较

第五层级划分时，主要依据视知觉对于物体转折处、轮廓发生变化的地方、三角形等的敏感程度，将复眼、口器、胸部、腹部、翅膀、六足分别看作整体进行剖析，此时未发现明显特征，截至第四层。

如图 5-13 所示，是以螳螂为原型的形态仿生产品，两款都为较为抽象的仿生产品。

图 5-13 以螳螂为原型的形态仿生产品

5.2.4.2 几何形态

1）几何形态的概述

把概念的几何学（研究几何形态的大小、形状、位置关系的学科）形态，依据数学逻辑直观化原则，应用于平面或立体设计形态上，称为几何形态。

近年来，人们开始将自然界中某些生物的形态运用到设计中，从而实现如减少阻力、提高性能等效用。例如，任露泉[7]将鼠爪趾高效的土壤挖掘性能应用于深松铲减阻结构设计中，仿生减阻深松铲减阻效果明显。王京春等根据蚊子刺吸方式的口器形态，对寻常注射器的针头进行了仿生粗糙表层形态的加工，合理的仿生结构使得针头最高减阻率达到 44.5%。

2）几何形态设计的原则

在设计中，不仅要确定设计对象的几何形态，更为重要的是协调构成主体的各部分元素之间的关系，因此需要确立一些原则。

（1）固定比例优先原则 在形态设计中，确定产品的尺寸是不可或缺的重要因素之一。

（2）形态饱满原则　　在形态设计过程中，从形体、块面、线条方面保证造型后的各个特征形态饱满的原则。

（3）和谐统一原则　　形态的整体与局部、局部与局部间的和谐统一，体现了它稳定、稳重的特性。

3）几何形态设计的步骤

几何形态的具体设计步骤可参考 5.1 节。

4）几何形态设计的案例：凹槽型仿生针头优化设计[8]

（1）以蚊子和蝉的口器为仿生设计原型进行研究分析。

（2）几何形体仿生信息的获取与处理：以蚊子和蝉的口器上的沟槽结构为原型，通过简化处理，提取沟槽的宽度 b，沟槽深度 h 为主要几何特征，如图 5-14 所示。

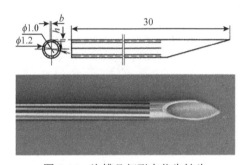

图 5-14　沟槽几何形态仿生针头

（3）运用实验优化技术，通过显示动力学接触分析，获得最优几何形态值（b 为 0.06mm，h 为 0.04mm 时减阻效果最佳）。

（4）依据国标，对数值分析所用的 9 种凹槽形仿生针头进行了穿刺实验，证明沟槽形仿生针头具有明显减阻效果，最高减阻率可达 44.5%，从而验证了几何形态设计的有效性。

5.2.4.3　非光滑形态

1）非光滑形态的概述

生物体表普遍存在几何非光滑特征，即一定几何形状的结构单元随机地或规律地分布于体表某些部位；实际的非光滑生物表面的形态是各种各样的，大多可归结为几种基本单元的复合形式。几何非光滑结构单元在力学特性上可表现为刚性的、弹性的或柔性的。在尺度上也有所不同，可分为宏观非光滑和微观非光滑。

2）非光滑形态的设计步骤

非光滑形态仿生的设计步骤请参照 5.1 节。

3）光滑形态的设计案例：仿生不粘锅

（1）选择仿生原型　　研究表明凸包形非光滑结构多存在于动物体表与土壤挤压摩擦较严重的部位，如蝼蛄头部推土板像正铲挖掘机一样挖土，前足进化成开掘足用力向后扒土，其头和爪就分布有凸包形非光滑结构（图 5-15）；紫蝼蛄头部和步甲头部也存在同样的分布。

（2）仿生非光滑信息的提取　　对蝼蛄头部凸包形非光滑生物模型通过逆向工程方法进行简化、提取，如图 5-16 所示。

（3）仿生特征的工程化实现　　首先采用模具冲压加工的手段在锅底进行表面改形，然后利用铝合金阳极硬质氧化进行表面改性，即为最终冲压所制得的不粘锅成品，如图 5-17 所示。

 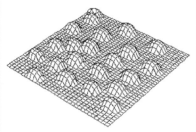 

图 5-15　蝼蛄头部凸包形非光滑结构　　图 5-16　三维模拟　　图 5-17　不粘锅成品

（4）实验验证　　通过与普通电饭锅、特氟龙电饭煲、不锈钢电饭锅的比较性实验，以及实际的使用验证了由黏附力实验结果制造的仿生不粘锅在减黏脱附方面有一定效果，同特氟龙电饭煲相比，该产品在减黏脱附方面具有同等水平，同时要优于普通的电饭锅。

5.2.5 仿生机械表面功能设计

机械表面功能设计是机械工程与生命科学密切结合形成的新兴交叉领域，其核心科学问题是生物优异功能表面的形成机理和作用规律，以及仿生功能表面设计原理和制造技术。根据上述设计原理，功能表面可分为减阻功能表面、自清洁功能表面、耐磨功能表面等。

5.2.5.1 仿生机械表面功能设计的原则、方法、步骤

（1）对于仿生机械表面功能设计有一定的设计原则，可以参照 5.1 节，但在

此设计过程中需强调的是功能性原则与相似性原则相结合，设计出的仿生产品必须能够有效实现生物模本所具有的特殊生物功能，达到预期的功能目标。

（2）设计过程中常用到生物模板法、逆向工程法、生物形态简化法。

（3）仿生机械表面功能设计的步骤可参照 5.1 节。

5.2.5.2 仿生机械表面功能设计的实例

表 5-1 概括了多种仿生机械表面功能设计，并列举了在各领域的应用。

表 5-1　仿生机械表面功能设计实例

功能	内涵	实例
减阻功能	仿生减阻是指以自然界生物为原型，探索其减阻的原理，根据其表面结构和器官设计减阻功能表面	田丽梅等[9]经过可行性分析认为海豚皮肤的结构具有减阻特征，因此以海豚皮肤为生物原型，利用生物形态简化法提取出海豚皮肤的减阻特征，设计了一种形态/柔性材料二元仿生耦合增效减阻功能表面。将面层材料本身的弹性变形加上面层材料与基底材料表面上仿生非光滑结构的耦合，共同对流体进行主动控制，从而实现增效减阻功能，通过实验得出该表面有效地提高了流体机械的效率
自清洁功能	在对动植物表面的研究中发现，自然界中通过形成疏水表面来达到自清洁功能的现象非常普遍，最典型的如以荷叶为代表的植物叶[10]、蝉等半翅目昆虫的翅膀及水蝇的毛腿等	以荷叶为生物原型，提取荷叶自清洁的生物特征，进行特征的机械产品转化。在玻璃表面镀一层疏水膜，这种疏水膜可以是超疏水的有机高分子氟化物或其他高分子膜，也可以是具有一定粗糙度的无机金属氧化物膜。这使得玻璃表面产生超疏水和超疏油的特殊表面，使处在玻璃表面的水无法吸附在玻璃表面而变为球状水珠滚走，亲水性污渍和亲油性污渍无法黏附于玻璃表面，从而保证了玻璃的自清洁
耐磨功能	仿生耐磨技术是指利用生物所具有的特性与信息，进行仿生类比，进而优化设计出各种类型的仿生非光滑表面，以提高机械零部件耐磨性能的实用仿生技术	丛茜等[11]在进行可行性分析之后，以蚯蚓为生物原型，提取蚯蚓非光滑减阻特征，并将这些特征进行机械产品转化，模拟蚯蚓体表形态的凹坑、导角通孔、通孔非光滑表面形态，进行了滴油混合润滑摩擦实验。研究表明，在混合润滑的条件下，通孔型仿生非光滑表面结构具有明显的减阻、耐磨效应
止裂功能	自然界生物通过不同的形态、结构、材料、柔性等多个因素的耦合、协同作用，以最低的能耗展现了最高的功效，具有优异的止裂抗疲劳功能	在贝壳珍珠层中，霰石的含量高达99%，剩下不到1%的主要是以蛋白质为主的有机质。但是，正是通过这些有机质将不同尺寸的霰石晶片按特殊的层状结构联系起来，形成了层状结构的复合材料，其断裂韧性比纯霰石高出3000倍以上。可见通过"简单组成、复杂结构"的精细组合，可以获得高韧性，防止断裂
降噪功能	研究表明：在自然界中，苍鹰等生物在运动过程中几乎不发声，通过对其羽毛的生物耦合特征分析确定，其羽毛间呈现的条纹结构和羽毛端部的锯齿形态为降噪的主要因素	在离心风机的启动噪声控制研究中，在进行可行性分析之后选取苍鹰为生物原型，提取苍鹰翼尾缘锯齿的降噪特征参数，并将其应用于多翼离心风机的气动噪声控制中，设计出一种新型降噪结构耦合仿生叶片[12]。通过数值模拟实验证明确实有降噪功能
耐冲蚀功能	冲蚀磨损是指流体或带有磨砺性固体颗粒的流体束以一定的速度和角度对材料表面进行冲击所造成的磨损	吉林大学高峰等在进行耐磨实验时，根据可行性分析，选取新疆岩蜥为典型动物，提取其耐磨生物特征，以形态、结构、材料为因素设计仿生耦合试样，通过喷砂实验检验耦合试样表面的冲蚀磨损特性。喷砂实验选用粒径为1000μm的Al_2O_3颗粒为磨料，对LY12硬铝合金与45#钢为基底的仿生耦合试样进行实验。在实验条件下，采用LY12铝合金为基底材料的耦合仿生试样与45#钢试样相比，有着优异的抗冲蚀磨损性能[13]

5.2.6 仿生机械结构设计

5.2.6.1 微纳结构

1）微纳结构概述

随着纳米技术的发展，生物材料和仿生材料的研究已经延伸到微米和纳米尺度，并且在先进功能材料的设计上取得了重大突破。在微米和纳米尺度，自然界的材料通过非常复杂的结构，以及精细的多级组织和结构之间的完美结合实现了特定的功能。这些生物材料的微米和纳米结构启发了人们去设计人工的具有微米和纳米结构的材料来获得某些特定的性质。

2）微纳结构设计的原则、方法、步骤

微纳结构仿生设计遵循功能性和相似性的原则，设计方法主要通过光学刻印法、模板法、化学修饰法等。具体步骤为：①选取具有微纳结构的仿生原型；②通过观察确定微纳结构形状尺寸；③针对加工材料的不同选取合适的加工方法；④对加工出的微纳结构进行功能性校验。

3）微纳结构设计实例：有机硅乳胶漆

荷叶表面（图 5-18）按一定规律排列着许多微米尺度的乳突状结构（图 5-19）使其具有自清洁的性能，水在其上可以轻易滑落，并带走灰尘，展现出"出淤泥而不染"的特性。为了保持外墙面的干燥和清洁，德国 Sto 公司将这种微观结构"克隆"在有机硅涂料中，开发了微结构有机硅乳胶漆（图 5-20），即荷叶效应乳胶漆。在下雨时，雨水在墙面上成珠滚落带走灰尘，保持了墙面的干燥清洁。

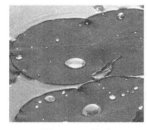  

荷叶效应乳胶漆涂膜　普通乳胶漆涂膜

图 5-18　荷叶　　　　图 5-19　荷叶表面微纳结构　　图 5-20　荷叶效应乳胶漆涂膜

5.2.6.2 蜂窝结构

1）蜂窝结构概述

早在人类会利用工具之前，自然界中就出现了高效利用材料，减轻质量的结构,如蜜蜂建造的蜂巢、植物叶子中的纤维结构等,这种结构在航空航天、军工等领域有着广泛的应用[14]。

2)蜂窝结构设计的原则、方法、步骤

蜂窝结构的设计遵循功能性和相似性原则,设计方法主要有展开法、波纹压形和钎焊法。具体步骤为:首先根据使用要求,选用合适的蜂窝结构;其次,确定蜂窝孔径、孔形、孔隙率、开口度等结构参数;最后,选择合适的方法依照确定的尺寸进行加工制造。

3)蜂窝结构设计实例:蜂窝板

仿照蜂窝结构(图 5-21)所设计的蜂窝板(图 5-22)具有孔径均匀、开口度高、密度小、比表面积高的特点,依靠其自身质量轻、比强度高、刚度大、隔热隔声性能好的优良性能在日常生活中广泛应用。

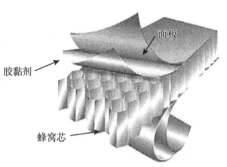

图 5-21　蜂窝结构图　　　　图 5-22　蜂窝板示意图

5.2.6.3 梯度结构

1)梯度结构概述

这里的梯度结构只针对梯度功能材料而言,梯度材料是将两种或两种以上的不同种物质进行特定复合技术加工而成,使其中一种或多种成分、结构及性质沿某一指定方向呈规律变化的非均匀复合材料。具有梯度结构的材质组成成分或结构是呈逐步过渡变化的,这种变化使其具有更为突出的力学性能,如韧性、耐磨、耐腐蚀等[15]。

2)梯度结构设计的原则、方法、步骤

梯度结构的设计遵循功能性、可行性、相似性的原则,常用的方法有粉末冶金法、等离子喷涂法、物理气相沉积法(physical vapor deposition,PVD)、化学气相沉积法（chemical vapor deposition，CVD）和自蔓延高温燃烧合成法等。具体步骤可参照 5.1 节。

3）梯度结构设计实例：泡沫玻璃

贝壳珍珠层中的文石晶体呈多边形，并且与有机基质交叉层叠堆垛成有序的层状结构（图 5-23），为裂纹的拓展扩大了路径，使其可以承受更大的非弹性变形，具有良好的力学性能[16,17]。仿照这种梯度结构人们利用碎玻璃、发泡剂、改性添加剂和发泡促进剂等，经过细粉碎和均匀混合后，再经过高温熔化、发泡、退火制成了无机非金属玻璃材料（图 5-24），该材料具有十分稳定的力学性能。

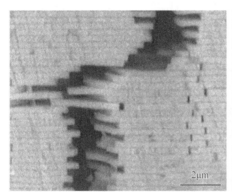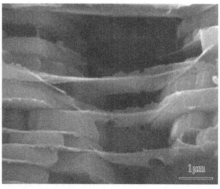

图 5-23 贝壳珍珠层微观结构

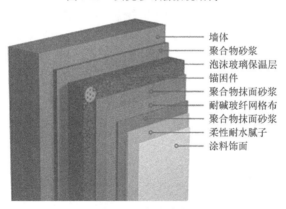

墙体
聚合物砂浆
泡沫玻璃保温层
锚固件
聚合物抹面砂浆
耐碱玻纤网格布
聚合物抹面砂浆
柔性耐水腻子
涂料饰面

图 5-24 泡沫玻璃

5.2.6.4 鞘连结构

1）鞘连结构概述

鞘连结构通常是以甲虫鞘翅为仿生原型，所设计出的结构具有轻质、高强和耐损伤的特点，在提高材料稳定性减轻材料的质量，以及提高材料的抗冲击性能上有广泛的应用。

2）鞘连结构设计的原则、方法、步骤

鞘连结构的设计遵循功能性、可行性、相似性的原则，大多通过模具浇筑成型，具体步骤为：首先，确定研究对象，对仿生原型的微观结构进行细致的观察分析；其次，对所提取的形态特征进行简化处理，使其满足复合机械形态设计要求[18-20]；再次，通过模拟软件对所设计形态进行力学模拟分析，进一步优化设计参数；最后，根据材料不同采用合适的制造方法加工成型，并对产品性能进行评价和验证。

3）鞘连结构应用实例

甲虫鞘翅的主要结构形式（图 5-25）有腔、梁、微孔洞、蜂窝和叠层结构，鞘翅的腔结构使鞘翅具有轻质高强特性，并表现出优异的耐冲击损伤特性。梁是用来连接鞘翅孔洞结构上下两部分的结构，梁结构为内部微观结构提供支撑并减轻质量[21]。仿照甲虫鞘翅特性所设计的结构（图 5-26）具有强度高、质量轻的特点，并表现出优异的耐冲击损伤特性。

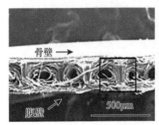

图 5-25　东方龙虱鞘翅断面电镜图　　　　　图 5-26　仿甲虫鞘翅轻质结构

5.3　仿生机构设计

5.3.1　仿生机构基本概念

仿生机构是由刚性构件、柔韧构件、仿生构件及动力元件等通过特定的连接方式组合在一起的机械系统。系统中各部件在控制系统的指挥下，可模仿某种生物特有的运动方式，实现特定的仿生功能。

刚性构件指的是机构中做刚体运动的单元体；柔韧构件是指弯曲刚度很小且不会伸长或缩短的带状构件；仿生构件是模仿生物器官的功能特性、在机构中独立存在且不影响机构的相对运动、可改善传动质量的构件，如滑液囊、滑液鞘等[22,23]；动力元件指的是能在控制下直接对柔韧构件施加张力的动力源的总称，其功能相当于动物的肌肉[24]。

5.3.2　仿生机构组成

仿生机构可划分为刚性和柔性两大组成部分，其中刚性组成部分同传统机构学中的空间机构（开链机构和闭链机构）一样，是整个机构的基础，决定着机构的自由度数及每个刚性构件的活动范围；柔性组成部分则是传统机构学中所没有的，它决定着刚性部分中起始构件的驱动方式及机构运动的确定性[25-27]。其中，传统空间机构学中没有的"滑车副"、"环面副"、"鞍面副"、"椭球面副"等由动物关节归纳而得到的四种主要运动副形式及其简化过程见表 5-2。

表 5-2　运动副及其简化

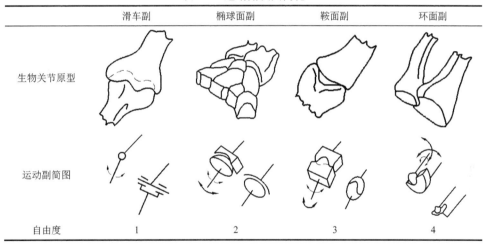

	滑车副	椭球面副	鞍面副	环面副
生物关节原型				
运动副简图				
自由度	1	2	3	4

5.3.3　仿生机构的设计原则

设计机构首先依据工艺要求拟定从动件的运动形式、功能范围，正确选择合适的机构类型，从而进行新机械、新机器的设计，同时分析其运动的精确性、实用性与可靠性等。机构的选型就是选择合理的机构类型以实现工艺要求的运动形式、运动规律。

1）机构的选型原则

机构的选型主要依据如下原则[28,29]。

（1）依照生产工艺要求选择恰当的机构型式和运动规律。机构型式包括连杆机构、凸轮机构、齿轮机构、轮系和组合机构等。机构的运动规律包括位移、速度、加速度的变化特点，它与各构件间的相对尺寸有直接关系，选用时应充分考虑，或按要求进行分析计算。

（2）结构简单、尺寸适度，在整体布置上占的空间小，达到布局紧凑，又能节约原材料的目的。选择结构时也应考虑逐步实现结构的标准化、系列化，以期降低成本。

（3）制造加工容易。通过比较简单的机械加工，即可满足构件的加工精度与表面粗糙度要求。还应考虑机器在维修时拆装方便，在工作中稳定可靠、使用安全，以及各构件在运转中振动轻微、噪声小等要求。

（4）局部机构的选型应与动力机的运动方式、功率、转矩及其载荷特性相互匹配、协调，与其他相邻机构衔接正常，传递运动和动力可靠，运动误差应控制在允许范围内，绝对不能发生运动的干涉。

（5）具有较高的生产率与机械效率，经济上有竞争能力。

2）机构的设计原则

进行仿生机构设计时，除了遵守上述的选型原则，还要考虑功能性、可靠性、安全性、适用性、可行性，应注意以下原则[30]。

（1）生物的机构与运动特性，只能给人们开展仿生机构设计以启示，不能采取照搬式的机械仿生。

（2）注重功能目标，力求结构简单。

（3）仿生的结果具有多值性，要选择结构简单、工作可靠、成本低廉、使用寿命长、制造维护方便的仿生机构方案。

（4）仿生设计的过程也是创新的过程，要注意形象思维和抽象思维的结合，打破定式思维并运用发散思维。

5.3.4 仿生机构设计方法与设计步骤

仿生机构是建立在模仿生物体的解剖基础上，了解其具体结构，用高速摄像系统记录与分析其运动情况，然后运用机械学的设计与分析方法，完成仿生机构的设计过程，是多学科知识的交叉与运用[31]。

仿生机构的基本设计步骤为：①通过研究某些动物关节的特殊结构形态，设计在功能上与之近似的运动副形式；②设计高效、轻便、灵敏且应用可靠、便于控制的能量蓄放器，以作为机构的动力执行元件；③在传统机构的基础上，结合仿生研究方法，进行机构分析与综合，以适应研制仿生机构的需求；④研究仿生机构的运动控制算法，开发相应的软件和硬件系统；⑤应用计算机仿真技术，模拟仿生机构的运动，从运动学和动力学的角度，验证机构尺度综合的可行性与合理性，从而找出机构中存在的问题，对原设计进行必要的修正和优化。

5.3.5 仿生机构功能分类

仿生机构是仿生机械的重要组成部分，是模仿生物的运动形态、生理结构和控制原理设计制造出的功能更集中、效率更高、应用范围更广泛并具有生物特征的机构，是仿生机械中完成机械运动的物质载体。仿生机构的类型，按照所仿生物及其运动机构的类别划分主要有仿生作业机构、仿生行走机构、仿生推进机构等。

5.3.5.1 仿生作业机构

仿生作业机构主要指仿生抓取机构、手臂和手腕机构及仿生行走机构等。

1）类似人拇指的抓取机构

人类拇指动作，除指的弯曲外还有转动。图 5-27 所示的抓取机构由蜗杆蜗轮机构 1 带动差动轮系 2 运动。差动轮系 2 通过行星锥齿轮，把运动传送到两个中心锥齿轮，一个锥齿轮带动拇指 8 的根部转动；另一个锥齿轮通过柔性带 6 和导向轮 5，使拇指的前二节做弯曲运动。

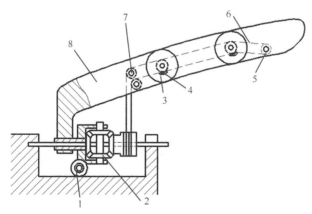

图 5-27　类似人拇指的抓取机构

1. 蜗杆蜗轮机构；2. 差动轮系；3. 带轮固定座；4. 柔性带支撑轮；5. 导向轮；6. 柔性带；7. 换向轮；8. 拇指

2）弹性材料制成的通用手爪的抓取机构

利用能变形的弹性材料制成简单的手爪，可抓握特殊形状的工件，也可抓取易破损材料制成的工件。在图 5-28A 所示的抓取机构中，两手爪上，一爪装有平面弹性材料 1，另一爪装有凸面弹性材料 8，其形状必须保证有足够的变形空间。当活塞杆 4 向右移时，接头 6 带动连杆 7 使两手爪 2 相向运动，弹性材料与工件 9 接触后，即随工件的外形而变形，并用其弹性力夹紧工件。图 5-28B 为抓取两种不同形状的工件时，弹性材料变形的情况，它既保证了有足够的抓取夹紧力，又避免了夹紧力过于集中而损坏由易破碎材料制成的工件[32]。

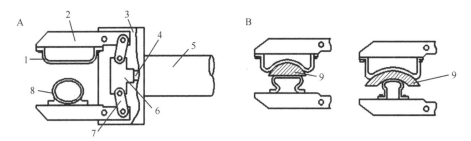

图 5-28 弹性材料制成的通用手爪的抓取机构
1. 平面弹性材料；2. 手爪；3. 连杆安装基座；4. 活塞杆；5. 保护外罩；
6. 接头；7. 连杆；8. 凸面弹性材料；9. 工件

3）用挠性带和开关机构组成的柔软手爪

用挠性带绕在被抓取的物件上，把物件抓住，可以分散物件单位面积上的压力而使其不易损坏。图 5-29A 所示挠性带 2 的一端有接头 1，另一端是夹紧接头 9，它通过固定台 8 的沟槽固定在驱动接头 4 上。当活塞杆 5 向右将挠性带拉紧的同时，又通过缩放连杆 3 推动夹紧接头 9 向左，收紧挠性带，从而把物件夹紧；活塞杆向左时，将带松开。图 5-29B 是用有柔性的杠杆作手爪，当活塞杆向右时，将手爪放开；反之则夹紧。

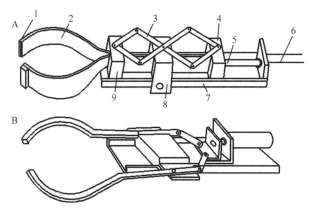

图 5-29 用挠性带和开关机构组成的柔软手爪
1. 接头；2. 挠性带；3. 缩放连杆；4. 驱动接头；5. 活塞杆；
6. 缸体；7. 伸缩机构导轨；8. 固定台；9. 夹紧接头

4）仿物体轮廓的柔性抓取机构

图 5-30 所示为用一个自由度实现的柔性抓取机构，无论何种截面的二维物体，它都能包络，而且可靠地抓取。当电动机 1 运转时，接通离合器 2，将缆绳收紧，使其各链节包络工件；当电动机 3 运转时，接通离合器 2，将缆绳放松，松开工件。

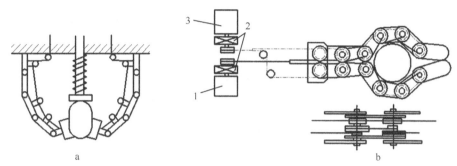

图 5-30　仿物体轮廓的柔性抓取机构
1. 电动机 a；2. 离合器；3. 电动机 b

5）挠性指抓取机构

图 5-31 所示为一种紧凑的多关节抓取机构，共有 3 个手指，均具有能做屈伸运动和侧屈运动的关节。第 1 指有三个自由度，第 2 指和第 3 指各有四个自由度。图 5-31A 中 $\varphi 1a$、$\varphi 2a$、$\varphi 3a$ 分别为 1、2、3 三指的侧屈运动关节，$\varphi 1b$、$\varphi 2b$、$\varphi 3b$ 分别为三指的屈伸运动关节。图 5-31B 表示挠性指的屈、伸状态。

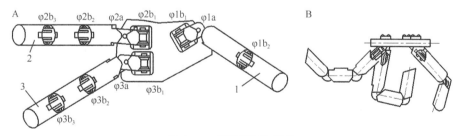

图 5-31　挠性指抓取机构
1，2，3. 手指

5.3.5.2　仿生手臂和手腕机构

1）圆柱坐标式手臂

图 5-32 所示为一种圆柱坐标式手臂，手臂能沿半径方向和 z 轴移动，又能绕 z 轴转动，故可做伸缩、升降、摆动等动作。其工作空间为圆柱体，故又称为圆

柱式坐标。与直角坐标式手臂相比，它占据空间位置小，而活动范围大，结构简单、直线性好，因此应用广泛。但由于机械结构关系，z 轴方向的最低位置受到限制，一般不能抓取地面上的工件。此外，其各个运动的分辨率不同，底座回转分辨率用角度增量表示，半径愈大时，精度愈低。

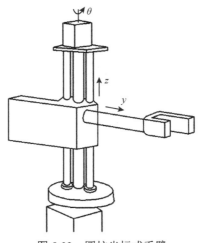

图 5-32　圆柱坐标式手臂

2）活塞液压缸与齿轮齿条组成的手臂回转运动机构

图 5-33 所示为一种活塞液压缸与齿轮齿条组成的手臂回转运动机构，当活塞

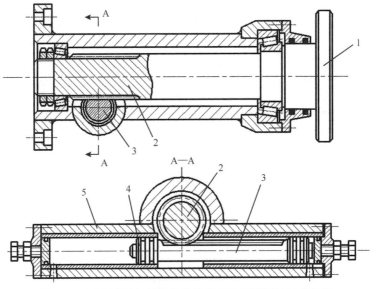

图 5-33　活塞液压缸与齿轮齿条组成的手臂回转运动机构
1. 手臂；2. 齿轮；3. 齿条；4. 活塞；5. 活塞缸

缸 5 两腔交替进入压力油时,活塞 4 带动齿条 3 做往复移动,齿条又带动齿轮 2 即手臂 1 往复摆动。通常,手臂 1 的末端安装手腕或手爪,故手臂的转动用以调整手爪抓取工件的方位。

3)直角坐标式手臂

图 5-34 所示为一种直角坐标式手臂,该手臂能在直角坐标系的 x、y、z 三个坐标轴方向做直线移动,即能伸缩、移动和升降,这三个运动可同时且互相独立地进行;其工作空间为一立方体,故称为直角坐标式手臂。其特点是结构简单、直观性强、定位精度容易保证;但占据空间大,而且相应的工作范围较小、惯性大。这种手臂特别适用于工作位置按行排列的场合。

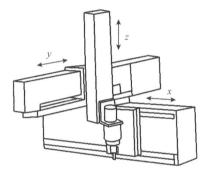

图 5-34 直角坐标式手臂

4)多关节式手臂

图 5-35 所示为一种多关节式手臂,手臂的动作类似于人的手臂,它是由大小两臂组成。大小两臂间的连接为肘关节,大臂与立柱(或基座)之间的连接为肩关节,大小臂和立柱之间具有 φ_1、φ_2、φ_3 三个摆角。这种机械臂的优点是:动作

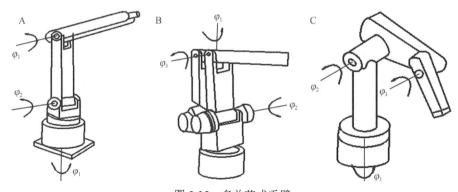

图 5-35 多关节式手臂

灵活、运动惯性小、通用性大。由于多关节式手臂的关节众多，且各关节大多是转角关系，因此能抓取靠近机座的工件，并能绕过机体和工作机械之间的障碍物进行工作，但与普通机械的 *XYZ* 直线运动控制相比要复杂得多，故位置控制上"直观性"差，控制困难。

图 5-35A 与图 5-35C 相似；图 5-35B 中，小臂的驱动源安装在 φ_1 的转盘上，通过平行四边形机构传送。

5）用平行四边形机构作小臂驱动器的关节式机械手

图 5-36 所示为一种用平行四边形机构作小臂驱动器的关节式机械手，该机械手有 5 个自由度，即躯体的回转（θ_1）；手臂的俯仰和伸缩（θ_2、θ_3）；手腕的弯转和滚转（θ_4、θ_5）。该机械手的特点是其第 3 关节（θ_3）的驱动源安装在躯体上，用平行四边形机构将运动传给小臂。这样安排驱动源，是为了减轻大臂的质量，增加手臂的刚度，从而提高手腕的定位精度。

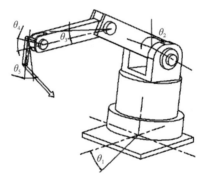

图 5-36　用平行四边形机构作小臂驱动器的关节式机械手

5.3.5.3 仿生行走机构

仿生行走机构主要包括仿生步行机构、仿生轮式移动机构及仿生爬行机构等。仿生步行机构又分为两足仿生步行机构和多足仿生步行机构。

1. 步行机构

1）两足仿生步行机构

图 5-37 所示为人类与鸟类的两足步行状态示意图。人的膝关节运动时，小腿相对于大腿是向后弯曲；而鸟类的腿部运动则与人类相反，小腿相对于大腿是向前弯曲的。

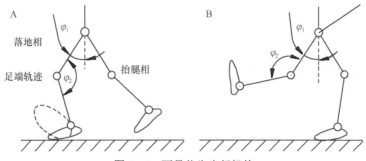

图 5-37　两足仿生步行机构

A. 人的步行状态；B. 鸟类的步行状态

有足运动仿生可分为两足步行运动仿生和多足运动仿生，其中两足步行运动仿生具有更好的适应性，也最接近人类，故也称为拟人型步行仿生机器人。拟人型步行机器人具有类似于人类的基本外貌特征和步行运动功能，其灵活性高，可在一定环境中自主运动。拟人型步行机器人是一种空间开链机构，实现拟人行走使得这个结构变得更加复杂，它需要各个关节之间的配合和协调。所以各关节自由度分配上的选择就显得尤其重要，从仿生学的角度来看，关节转矩最小条件下的两足步行结构的自由度配置认为：髋部和踝部各需要 2 个自由度，可以使机器人在不平的平面上站立；髋部再增加一个扭转自由度，可以改变行走的方向；踝关节处增加一个旋转自由度可以使脚板在不规则的表面着地；膝关节上的一个旋转自由度可以方便地上下台阶。所以从功能上考虑，一个比较完善的腿部自由度配置是每条腿上应该各具 7 个自由度。图 5-38 为腿部 7 个自由度的分配情况。

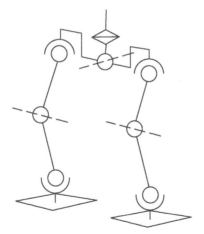

图 5-38　拟人型机器人腿部的理想自由度

国内外研究的较为成熟的拟人型步行机器的腿部都选择了 6 个自由度的方

式，其分配方式为髋部 3 个自由度，膝关节 1 个自由度，踝关节 2 个自由度。由于踝关节缺少了一个旋转自由度，当机器人在行走中进行转弯时，只能依靠大腿与上身连接处的旋转来实现，这需要先决定转过的角度，并且需要更多的步数来完成行走转弯这个动作。但是这样的设计可以降低踝关节设计的复杂程度，有利于踝关节的机构布置，从而减小机构的空间体积，减轻下肢的质量。这是拟人型步行机器人下肢在设计中的一个矛盾，它将影响机器人行走的灵活程度和腿部结构的繁简。

2）多足步行仿生机器人

四足动物的前腿运动是小腿相对于大腿向后弯曲，而后腿则是小腿相对于大腿向前弯曲，图 5-39 为四足动物的腿部结构示意图。四足动物在行走时一般三足着地，跑动时则三足着地、二足着地和单足着地交替进行，处于瞬间的平衡状态。

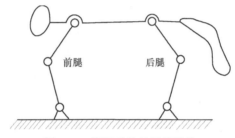

图 5-39　四足动物的腿部结构

两足动物和四足动物的腿部结构大多采用简单的开链结构，多足动物的腿部结构有的采用开链结构，有的采用闭链结构。图 5-40A 为多足动物的腿部的一种结构示意图，图 5-40B 为仿四足动物的机器人机构示意图。

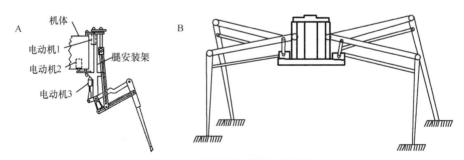

图 5-40　多足动物的仿生腿结构

A. 多足动物的仿生腿；B. 仿四足动物的机器人机构

多足仿生一般是指四足、六足、八足的仿生步行机器人机构。四足步行机器人在行走时，一般要保证三足着地，且其重心必须在三足着地的三角形平面内部才能使机体稳定，故行走速度较慢。

　　通过对步行机器人足数与性能的定型和评价，同时也考虑到机械结构和控制系统的简单性，对蚂蚁、蟑螂等昆虫进行观察分析，发现昆虫具有出色的行走能力和负载能力，因此，六足步行机器人得到广泛的应用。图 5-41 为六足步行机器人。

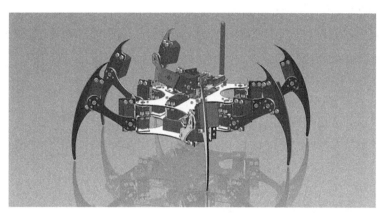

图 5-41　六足步行机器人

　　六足步行机器人常见的步行方式是三角步态。在三角步态中，六足步行机器人身体一侧的前足、后足与另一侧的中足共同组成支撑相或摆动相，处于同相三条腿的动作完全一致，即三条腿支撑，三条腿抬起换步。抬起的每条腿从躯体上看是开链结构，而同时着地的三条腿或六条腿与躯体构成并联多闭链多自由度机构。图 5-42 所示的六足步行机器人，在正常行走条件下，各支撑腿与地面接触可以简化为点接触，相当于机构学上的 3 自由度球面副，再加上踝关节、膝关节及髋关节（各关节为单自由度，相当于转动副），每条腿都有 6 个单自由度运动副。六足步行机器人的行走方式，从机构学角度看就是 3 分支并联机构、6 分支并联

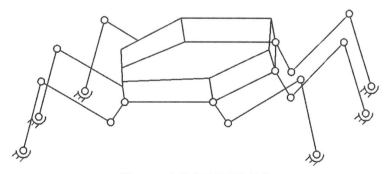

图 5-42　六足步行机器人结构

机构及串联开链机构之间不断变化的复合型机构。同时也说明，无论该步行机器人采取的步态及地面状况如何，躯体在一定范围内均可灵活地实现任意的位置和姿态。

2. 轮式移动机构

1）足与轮并用步行机

图 5-43A 为一种足与轮并用步行机，足的端头装有球形滚轮，能以三点支撑式在管内行走，能沿管的轴向、周向运动。图 5-43B 为步行机可沿管外壁行走，轴向、周向运动均可。

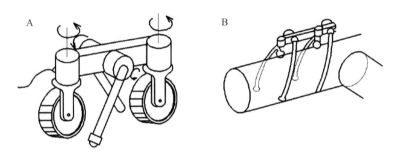

图 5-43　足与轮并用步行机

2）能登上台阶的轮式行走机构

图 5-44 为一种能登上台阶的轮式行走机构，当车轮的尺寸和台阶的高度在一定范围时，该车能登台阶行走。在通常的平地上，小型车轮转动而行走，如图 5-44A 中①~④；在登台阶行走时，三个小轮绕其转动中心转动，如图 5-44B 中⑤、⑥；同时，如有必要，支架⑦也能弯曲；其登台阶行走情况如图 5-44C 所示。

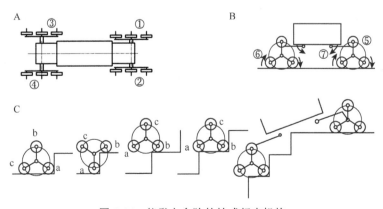

图 5-44　能登上台阶的轮式行走机构

3）车轮式步行机

图 5-45A 为三轮步行机，图 5-45B 为四轮步行机。图 5-45 中画有直箭头的是驱动轮，画有弯箭头的是可操纵转向的车轮。在转向轮转向期间，当驱动轮旋转行走时，驱动轮与地面间发生滑动，就无法求出移动量。若在静止状态下操纵转向，则转向阻力矩很大。图 5-45C 为全方位轮式步行机示意图。该机构可以实现任意方向的转向行走，其车轮接地点在锥齿轮圆锥母线的延长线上，所以转向和行走相互独立，可以高精度地控制其移动量，克服了普通车轮步行机的缺点。图 5-45D 为两倾斜驱动轮组合的步行机。在机构本体有前后倾倒趋势时，轮子的接地点可前后移动以防止倾倒，使本体直立安定性提高。

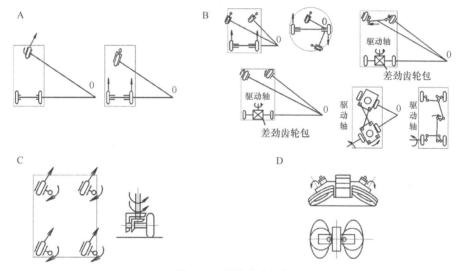

图 5-45　车轮式步行机

仿生爬行机器人机构与传统的轮式驱动机器人机构不同，采用类似生物的爬行结构进行运动，使得机器人可以具有更好的与接触面附着的能力和越障能力。

图 5-46 为 Strider 爬壁机器人，具有 4 个自由度。结构上由左右两足、两腿、腰部和 4 个转动关节组成，其中 3 个关节 J1、J3 和 J4 在空间上平行放置，可实现抬腿跨步动作，完成直线行走和交叉面跨越功能。Strider 的每条腿各有一个电动机，通过微型电磁铁来实现两个关节运动的转换。每个电动机独立控制两个旋转关节 R，关节间的运动切换通过一个电磁铁来完成。从图 5-46 中可以看出，Strider 的左腿电动机通过锥齿轮传动分别实现腿绕关节 J1 或 J2 旋转，完成抬左脚或平面旋转动作；Strider 的右腿电动机通过锥齿轮传动分别实现腿绕关节 J3 或 J4 旋转，完成抬右脚或跨步动作。以左脚为例，通过电磁铁控制摩擦片式离合器，实

现摩擦片与抬脚制动板或腿支侧板贴合，控制抬脚锥齿轮的转动与停止，完成左腿两种运动的切换。抬脚锥齿轮转动则驱动关节 J2，否则驱动 J1 旋转。该机构左右脚结构对称，运动原理相似，不同之处在于左脚 J1 和 J2 关节通过锥齿轮连接，而右脚的 J3 和 J4 关节通过带轮连接。

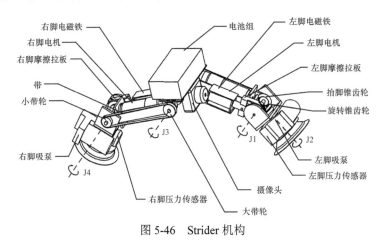

图 5-46　Strider 机构

　　Strider 的两足分别由吸盘、气路、电磁阀、压力传感器和微型真空泵组成，通过微型真空泵为吸盘提供吸力，利用压力传感器检测 Strider 单足吸附时的压力，以保证爬壁机器人可靠吸附。利用电磁阀控制气路的切换，实现吸盘的吸附与释放。每个吸盘端面上沿移动方向前后各装了一个接触传感器，用于调整足部吸盘的姿态，以保证与壁面的平行。

5.3.5.4　仿生推进机构

1. 扑翼飞行机构

1）扑翼飞行机构基本概念

　　扑翼飞行机构是通过模仿自然界飞行鸟类和昆虫运动机理而实现扑翼飞行，如同鸟类或昆虫类利用拍翅同时产生升力与推力。扑翼飞行的主要特点是将举升、悬停和推进功能集于一个拍翅系统，其飞行方式有三种，即滑翔结合较低频率的扑翼形式（形体较大的鸟类）；频率相对较高、运动轨迹相对简单的扑翼形式（形体中等的鸟类）；频率极高、运动轨迹复杂的扑翼形式（蜂鸟等形体很小的鸟类和大多数昆虫）。扑翼飞行又可分为仿鸟的扑翼飞行和仿昆虫的拍翅飞行两种方式。鸟翼在正常平飞（不考虑起飞与降落）过程中有四种基本运动方式：扑动、扭转、挥摆、折叠。鸟翼做持续高频的往复运动，并把气动力传递到鸟的躯体，配合完成鸟类双翼的复杂空间动作。昆虫翅翼的运动方式有：①拍翅运动，翅翼在拍动平面内往复运动；②扭翅运动，翅翼绕自身的展向轴线做扭转运动，用以调节翅翼拍动时的迎角；③偏移运动，双翅的拍动平面可以向头部或尾部偏移。昆虫翅翼运动由胸部肌肉控制，通过外骨骼、弹性关节、胸部变形及收缩-放松肌肉向翅膀传递运动。分析昆虫和鸟类的胸腔-翅膀运动系统，并进行简化，可从中得到以下仿生线索：胸部肌肉类似于运动系统的驱动器；骨骼和弹性关节类似于机械中的闭环柔性机构；驱动器和柔性机构应集成一体；由驱动器、柔性铰链机构和翅膀组成的机械系统通过振动实现运动。从机械仿生角度看，整个胸部-翅膀结构类似于由能源、控制系统、驱动器、柔性机构和仿生翅组成的系统。

2）扑翼飞行机构组成及设计要求

扑翼飞行机构是微型扑翼飞行器的核心部件，设计结构合理、传动高效的扑翼机构对微型扑翼飞行器的发展具有决定性作用。常见扑翼机构一般由机架、动力源、传动机构及左右两个翅膀杆组成，其最基本的设计要求为：驱动翅膀进行周期性大振幅的高频拍动；驱动翅膀进行多自由度的运动，如上下扑动、转动、折叠等；能够输出足够的力矩来克服空气阻力。其设计主要受到传动机构的构造及运动方式的限制（理想结构是扑翼飞行机构左、右翅膀杆要对称并且扑翼动作要同步）。因此，基于连杆扑翼机构的扑动机构设计应保证：扑动机构的自由度为1；要有一杆件作为固定机架，有一杆件作为输入杆；要有对称结构的两个杆件作为左、右载翅杆，且与机架相连，并能产生左、右对称的扑翼动作；输入杆可为曲柄或者滑块，且输入杆和机架只能以转动副或移动副连接；左、右载翅杆都为摇杆，并与机架连接，且接头为转动副，以保证载翅杆在扑动过程中长度不变；左、右载翅杆的运动要有急回特性，以保证仿生翼具有更好的气动特性。整个机构杆件要尽可能少，以保证扑动机构的紧凑、轻巧；所有零件的设计要有良好的加工工艺性，以方便机构的试制。

3）扑翼飞行机构举例

a. 四杆扑翼飞行机构

简单的四杆扑翼飞行机构如图 5-47 所示，曲柄输入运动机构，整个周期内运动对称，但中间时刻的运动并不对称。与曲柄输入运动相比，滑块输入运动所输出的翅膀运动更加具有对称性。其中翅膀可伸缩四杆扑翼机构包括图 5-47 中的 C、D、G、H，翅膀不可伸缩的扑翼机构包括图 5-47 中的 A、B、E、F。

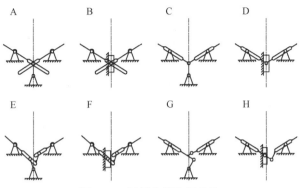

图 5-47　四杆扑翼飞行机构

b. 两自由度曲柄摇杆扑翼飞行机构

两自由度曲柄摇杆扑翼飞行机构如图 5-48 所示，齿轮 $z1$ 直接与电机输出轴固接，通过一级减速然后分别通过二级减速传递到左右两侧的四杆机构。曲柄转动，带动翅膀（摇杆）上下扑动。除齿轮 $z2$ 的放置不是关于机身中心对称外，其他所有零部件的布置均关于机身纵平面对称。因此，该机构不仅实现了翅膀的对称扑动，还有效实现了扑动翼两侧的质量平衡（齿轮 $z2$ 为塑料齿轮，对整个机构的影响可以忽略不计）。另外，由于摇杆的摇摆角一般关于在平面内与机架杆垂直的直线对称分布，要使扑翼机构有效地实现扑动，需使得翅膀的水平位置线与机架杆垂直，且四杆机构摇杆的幅值 ψ 要对应于微扑翼机构的拍打幅值，可类比于鸟类和昆虫，一般取值范围在 $50° \sim 120°$。

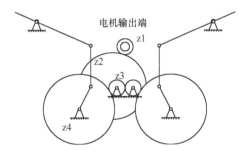

图 5-48　两自由度曲柄摇杆扑翼飞行机构

c. 两自由度刚性和单自由度柔性扑翼飞行机构

分别针对刚性翅和柔性翅设计了如下两种扑翼机构。

（1）新型的压电双晶片（PZT）驱动的两自由度双摇杆扑翼飞行机构　　针对刚性结构翅可采用两自由度双摇杆扑翼飞行机构，如图 5-49 所示，该机构采用两个平行的双摇杆机构，两机构的右侧摇杆中部用杆（EF）相连，EF 中部与翅膀中心轴固连，摇杆机构的运动带动翅膀拍动。为增大翅膀的振幅，增加了一个放大 PZT 位移的机构。当两个机构运动相同时，翅膀实现上下拍动，此时机构和单一摇杆机构等效，由于此时翅膀是以相同的迎角上下拍动，一个拍动周期内的平均净升力为零，这种运动不能产生净升力，不可能带动飞行器飞行。当两个机构的运动有相位差时，EF 杆产生偏转，带动翅膀转动，相位差的大小决定了翅膀转动的角度，翅膀转动可以使翅膀上拍和下拍时具有不同的迎角，产生升力差。这种针对刚性结构翅的双 PZT 驱动翅膀运动机构，其运动控制很容易实现，结构简单、体积小、质量轻，且可以采用两套拍翅机构分别驱动飞行器的两个翅膀，实现两个翅膀的独立驱动，能够分别调整两翅膀产生的升力。

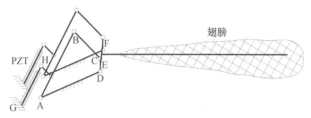

图 5-49 新型的 PZT 驱动的双摇杆扑翼机构

（2）电机驱动的单自由度曲柄摇杆扑翼飞行机构　针对柔性结构翅可采用单自由度曲柄摇杆扑翼飞行机构，整个系统包括三级齿轮减速机（图 5-50）及以齿轮作为曲柄的曲柄摇杆机构 ABCD（图 5-51），E 为左右齿轮啮合点，考虑到左右翅拍翅运动的对称性，左右拍翅机构的驱动齿轮直接啮合，这样左右翅的运动完全对称，为整个飞行器飞行的平衡提供了基础。其中，驱动电机采用微型电机，驱动电压为 7.4V，锂电池供电。曲柄摇杆机构的设计应满足：拍动杆摆角达到 90°左右；拍动杆在水平位置时，拍动线速度最大；最小传动角为 40°。

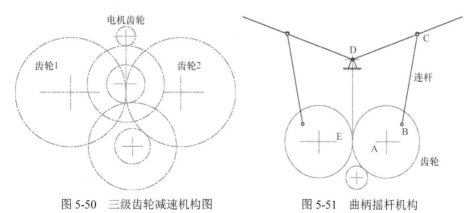

图 5-50 三级齿轮减速机构图　　　图 5-51 曲柄摇杆机构

4）单曲柄双摇杆扑翼飞行机构

单曲柄双摇杆扑翼飞行机构如图5-52所示，机翼前缘固定在扑翼驱动机构上，随摇杆在平面内扑动，并通过固定机翼后缘形成的一个被动随机翼拍打而变化的迎角来实现扭转运动。该机构同时适用于刚性翅与柔性翅，结构简单紧凑，传动高效可靠，质量轻；缺点是两边扑翼动作（扑翼角、角速度）存在相位差，导致微扑翼飞行器的飞行姿态在左右方向上存在不稳定性。选用时可通过优化传动机构的具体参数来避免其缺点，如连杆机构各杆长尺寸与位置等可以使得左右摇杆的扑翼角及角速度之差降至最小。

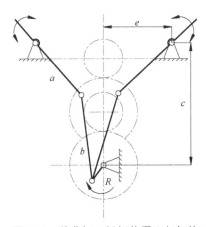

图 5-52　单曲柄双摇杆扑翼飞行机构

5）两自由度并联曲柄摇杆扑翼飞行机构

两自由度并联曲柄摇杆扑翼飞行机构如图 5-53 所示，该扑翼机构主要包括并

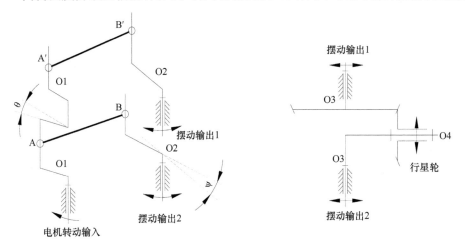

图 5-53　并联曲柄摇杆扑翼飞行机构和差动轮系原理

联的两组曲柄摇杆机构与差动轮系两个部分，由直流伺服电机作为驱动，将曲柄的连续旋转输入转换为翅膀的平扇与翻转两自由度复合运动输出。曲柄输入的旋转运动转换为尺寸参数均相同的两个摇杆摆动运动输出，曲柄 O1A 与曲柄 O1A′ 存在一固定的相位差 θ，所以两个摇杆的摆动输出并不同步，角度差 ψ 在不同转角位置时会有不同的取值。

当电机如图 5-53 方向旋转时，摇杆 O2B′ 会先到达摇杆运动空间的极限位置，随后摇杆 O2B 才到达与其相对应的极限位置。该过程中 ψ 会逐渐减小到零，然后又会反方向逐渐增大，利用这一特性将两个摆动输出再传递到差动轮系。当两个摆动输入的 ψ 不变时，行星轮随着行星轮支架绕轴 O3 转动，自身不转动；当两个摆动输入的 ψ 变化或者反向运动时，行星轮会绕自身轴线 O4 转动。因此，将翅膀固定在行星轮上，当曲柄连续转动，两个摇杆摆动输出的 ψ 近似不变时，翅膀保持翅攻角（翅膀扇动方向与翼后缘指向翼前缘方向的夹角）不变而做平扇运动；当两个摇杆在极限位置处反向运动时，翅膀则完成反扇转换过程中的翻转运动。于是，通过设计不同的扑翼机构参数就可以实现不同扇翅角（下扇的起始位置与翅膀当前位置的夹角）及翅攻角的扑翼形式。该机构将两个自由度的运动由一个驱动完成，避免了由两个驱动所带来的质量耦合及控制上的联动问题，具有控制与结构简单、质量轻、适于小型化的优点[33]。

6）两自由度七杆八铰链扑翼飞行机构

图 5-54 所示为可实现翼尖 8 字形运动且使扑翼绕展向轴线扭转的七杆八铰链机构。该机构在一个五杆六铰链机构 A-B-C-D-E-G-A 的基础上，在 C 点和机架上增加一个 RRR 二级杆组 C-F-G 组，扑翼与 CF 杆连接。五杆机构在 C 铰链点可产生 8 字形或香蕉形轨迹，在 GF 和 FC 带动下，使翼产生弦向扭转运动。由于机构自由度为二，可利用齿轮机构或带传动机构将两个曲柄 AB 和 DE 联系起来。该机构产生 8 字形的运动是由上下和前后两个运动合成，当前后运动循环周期是上下运动的 2 倍时（AB 至 DE 的传动比为 2），产生 8 字形轨迹；若两者周期相同（AB 至 DE 的传动比为 1），则产生香蕉形运动轨迹，且扑翼的俯仰运动由 CF 杆的角位置实现。利用上述机构，设计出三维运动扑翼飞行机构运动简图（图 5-55）。短轴 Q1Q2 与 CF 杆固联，两翼与短轴分别在 Q1、Q2 组成球铰副，可保证两翼随 CF 杆做俯仰运动；机翼与机架分别在 R1、R2 处组成滑球副，可将 C 点的平面 8 字形轨迹传至翼尖的空间 8 字形，实现上下扑动和前后划动两个运动。

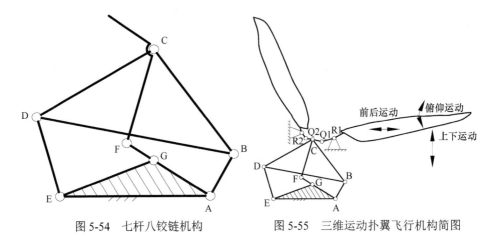

图 5-54 七杆八铰链机构　　　图 5-55 三维运动扑翼飞行机构简图

7）凸轮弹簧扑翼飞行机构

凸轮弹簧扑翼飞行机构如图 5-56 所示，盘形凸轮转动，推动下面的顶板上下移动，两边的摇杆铰接于顶板，在顶板的带动下即可实现上下扑动。该机构的优点是只要设计恰当的凸轮轮廓曲线，即可实现各种扑翼运动规律，如急回特性、加速-减速特性等，但其缺点为机构复杂，很难微小化。

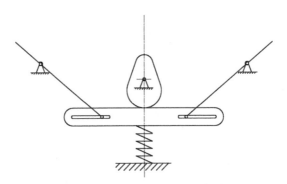

图 5-56 凸轮弹簧扑翼飞行机构

8）两套曲柄摇杆扑翼机构

图 5-57 所示的扑翼机构采用的是一种轻型的平面连杆传动机构，分别使用两套曲柄摇杆机构，以实现两侧扑翼的同步对称拍动。此结构被用于微蝙蝠（microbat）微小扑翼飞行器中，其翅膜材料是聚对二甲苯，机身和翅架是钛合金制造的，整机仅重 12.5g，最长飞行纪录为 22min45s，但只能无控制地做平飞运动。

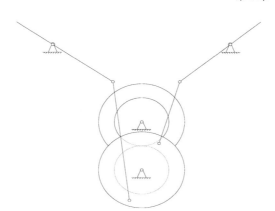

图 5-57 两套曲柄摇杆扑翼机构

2. 水下航行器仿生推进机构

水下运动仿生就是模仿鱼类等水中动物推进方式来研制用于各种水中航行器的仿生水下推进器[34]。鱼类由于生活的环境不同，产生了不同的形态，按照推进运动模式可分为以下四种：波动运动模式、喷射运动模式、中央鳍/对鳍模式（median and/or pair of fin，MPF）和身体/尾鳍模式（body and/or caudal fin，BCF）。波动运动模式的典型代表为鳗鱼，游动过程中整个身体几乎都参与了摆动，使横向力相抵消，降低了横向运动的趋势。喷射运动模式的典型代表为乌贼、水母等，它们依靠身体躯干的特殊构造可以将水向后喷射。MPF 方式的典型代表为鳐科、隆头鱼科等，它们主要利用胸鳍、背鳍、臀鳍和腹鳍等向前划动推进，这类鱼或退化或不发达，不用于产生推力，大多数的鱼类是通过这些鳍来保持身体平衡和控制转变方向的。采用该种推进方式的鱼类，游动平稳，而且比较灵活，机动性好，但推进效率不高，比较适合于有特殊要求的水下作业系统。BCF 方式的典型代表为鲹科和金枪鱼科，它们常有高展弦比的尾鳍，主要利用身体的后半段和尾鳍协调摆动前进，游泳速度快、加速迅速、身体灵活并且可操控性高。

1）喷射式仿生水下推进器

图 5-58 所示是模仿墨鱼、樽海鞘等海洋生物吸水喷水模式的喷射式仿生水下航行器推进机构[35,36]。该机构由 4 个弹性吸水喷水筒组成，传动机构中的齿轮齿条机构共有两套，两个半齿轮固定在传动轴的两端（图 5-58 是将两个半齿轮机构分开画的），两个半齿轮驱动回程齿条往复运动，回程齿条的两端与轴固定，从而驱动弹性筒的膨胀和收缩，弹性长条和弹性模变形造成弹性吸水筒容积变化，进而弹性筒吸水或排水。1 号、3 号弹性吸水喷水筒的单向出水口同时与 1 号喷管相连，2 号、4 号弹性吸水喷水筒的单向出水口同时与 2 号喷管相连；1 号、4 号弹

性吸水喷水筒的吸水排水状态相同；2 号、3 号弹性吸水喷水筒的吸水排水状态相同；1 号和 2 号弹性吸水喷水筒吸水排水状态相反，使得 1 号喷管和 2 号喷管实现连续喷水状态。

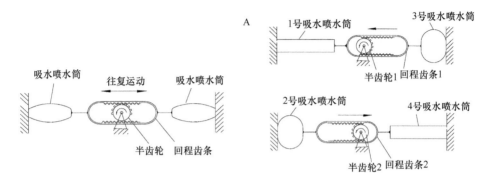

状态1　1号、4号吸水，2号、3号喷水

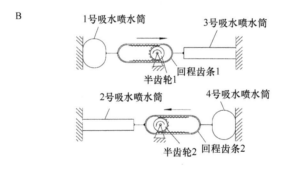

状态2　1号、4号吸水，2号、3号喷水

图 5-58　喷射式仿生水下航行器推进机构示意图

2）MPF 仿生水下推进器

以弓鳍目鱼类"尼罗河魔鬼"的背鳍推进器作为波动鳍仿生水下推进器的仿生对象，图 5-59 所示是仿鱼鳍并联多关节形式的波动鳍仿生水下推进器机构。关节连接可用以下两种方式：一种是沟槽凸轮间接连接方式（图 5-59），采用沟槽凸轮的单关节机构，其优点是在鳍条往复摆动过程中电机只需单向连续转动，摆动频率由减速器输出轴转动频率决定，摆动幅度保持不变；缺点是在凸轮几何参数设定后摆动幅度不可调节，运动过程中沟槽处存在较大摩擦损耗，关节体积、质量较大。另一种是直接连接方式（图 5-59），将减速器输出轴与鳍条摆动轴直接连接，通过控制电机的正反向转动实现鳍条的左右摆动，可以取消传动机构，有效减小单个关节的体积和质量，其优点是能够独立控制每根鳍条的幅度、频率、相位 3 个参数，通过对所有鳍条的协调控制可以实现鳍面在水中的灵活运动；缺点是电机能够提供的最大转矩由转矩常数和电枢电压限定，当摆动频率超过某一上限时，摆动幅度将逐渐减小，导致整个鳍面波动幅度减小、推进性能下降。

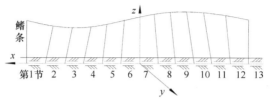

图 5-59　仿鱼鳍并联多关节形式的波动鳍仿生水下推进器机构

仿生水下推进器中的鳍条数量比鱼类波动鳍生物推进器的鳍条数量相对较少，为了使仿生推进器鳍面在运动过程中呈现的形状尽可能逼近光滑的正弦波形，相邻两根鳍条的相位差至少需要满足$\Delta\varphi\leqslant90°$，因此推进器的鳍条（关节）数量 n 满足关系式：

$$n\geqslant\frac{n_\lambda}{\Delta\varphi}+1=4n_\lambda+1$$

式中，n_λ 为推进器鳍面波形数量；$\Delta\varphi$ 为相邻鳍条间相位差；n 为推进器鳍条数量。

3）BCF 仿生水下推进器

（1）并联仿生鱼尾鳍推进机构：图 5-60 所示是仿生鱼尾鳍并联推进机构，

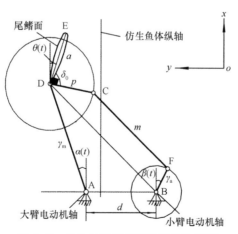

图 5-60　仿生鱼尾鳍并联推进机构简图

它可以实现两自由度的仿鱼尾运动。图中 A、B 为大、小臂驱动电动机轴所在位置，摆角 $\alpha(t)$ 和 $\beta(t)$ 为摆杆转角与 x 轴正向夹角，逆时针方向为角度增加方向，x 轴正向同鱼体前进方向相反，y 轴正方向为垂直 x 轴且由右侧指向左侧。连杆 AD、BF、CD、CF 的长度 γ_m、γ_a、p、m 可以根据结构需要确定，d 为大、小臂电动机轴间距，DE 为尾鳍，CD 和 DE 夹角 δ_0 可以根据摆动角度需要进行调节，尾鳍 q 和短杆 P 为固联关系，其夹角可通过摆动范围指标预先确定[$\alpha(t)$ 是尾鳍机构大臂摆动角；$\theta(t)$ 是尾鳍绕 D 点的摆角]。

（2）曲柄连杆尾部摆动机构：图 5-61 所示是日本国家海洋研究中心 UPF-2001 曲柄连杆尾部摆动机构，尾部由尾柄和尾鳍两个部分组成，两个部分由一个电机驱动，电机旋转运动输出通过类似 PF-600 的曲柄连杆机构实现尾柄和尾鳍的摆动，尾柄和尾鳍摆动的相位差由逆平行四连杆结构协调，关节 1 处的挡块角度调节尾鳍和尾柄之间的相位角。

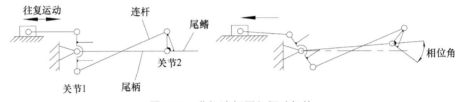

图 5-61　曲柄连杆尾部摆动机构

4）摆动式柔性尾部机构

图 5-62 所示是通过四连杆机构实现柔性摆动的尾部推进机构。所用四连杆机构将电机转动转换成为摆杆的往复运动。图中，曲柄 A 为原动件，以角速度 ω 进行旋转运动，通过连杆 B 向从动件 C（即摆杆，末端未画全）施加作用力，从而驱动杆件 C 做来回往复摆动。其中摆杆 C 由一个销钉固定住，C 杆的摆动就转化成尾部的摆动。

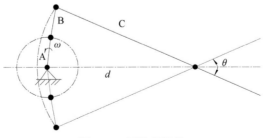

图 5-62　四连杆机构

5）双结点海豚型机器人尾鳍推进机构

日本东京工业大学研制的双结点海豚型机器人由两部分组成：流线型胴体部分，沿整个长度方向都是光顺过渡的；水平尾鳍部分，连接在胴体尾部。两个结点位于胴体和水平尾鳍的连接点处。第一结点由气体发动机驱动，发动机的转动转变为齿轮和曲柄系统的相互运动，如图 5-63 所示。由于发动机转动轴平行于胴体轴，用一对齿轮使转动轴垂直于胴体轴，并带动第一个连杆的转动，然后带动第二连杆的运动。通过一对齿轮将这种转动放大两倍，用于驱动尾鳍。通过调整第一个连杆的长度，可改变第一个结点转动的幅角，可获得三个不同的幅角。第二结点是被动的，由弹簧连接，如图 5-64 所示，两根金属丝固定在滑轮上，每根金属丝都与弹簧相连接。当流体动力作用于尾鳍时，尾鳍开始运动，以减小流体动力。第二结点的运动与推进器的理想运动相似。当尾鳍开始运动时，由于有流体动力，它将沿顺时针方向转动，弹簧使其具有恢复力，尾鳍的运动是升沉和纵倾的耦合运动。

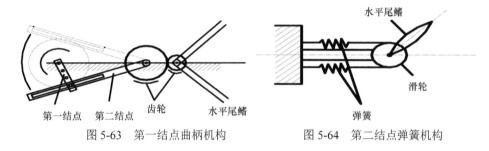

图 5-63 第一结点曲柄机构　　　　图 5-64 第二结点弹簧机构

参 考 文 献

[1] Liff S M, Kumar N, McKinley G H. High-performance elastomeric nanocomposites via solvent-exchange processing. Nature Materials, 2007, 6(1): 76-83.

[2] Gwynne P. Technology: mobility machines. Nature, 2013, 503(7475): S16-S17.

[3] 蔡江宇, 王金铃. 仿生设计研究. 北京: 中国建筑工业出版社, 2013.

[4] 杨春燕, 蔡文. 可拓工程. 北京: 科学出版社, 2007.

[5] 徐红磊, 于帆. 基于生命内涵的产品形态仿生设计探究. 包装工程, 2014, 35(18): 34-38.

[6] Hyon S H, Mita T. Development of a biologically inspired hopping robot-"Kenken". Proceedings of the 2002 IEEE International Conference on Robotics 8 Automation , Washington, DC, 2002: 3984-3991.

[7] Ren L Q, Qiu Z M, Han Z W, Guan H Y, Wu L Y. Experimental investigation on color variation mechanisms of structural light in papilio maackii ménétriès butterfly wings. Science in China(Series E: Technological Sciences), 2007, 50(4): 430-436.

[8] 齐迎春, 丛茜, 王骥月, 齐欣. 凹槽形仿生针头优化设计与减阻机理分析. 机械工程学报, 2012, 48(15): 126-130.

[9] 田丽梅, 高志桦, 王银慈, 任露泉, 商震. 形态/柔性材料二元仿生耦合增效减阻功能表面的设计与试验. 吉林大学学报(工学版), 2013, (4): 970-975.

[10] Liang Y, Huang H, Li X, Ren L. Fabrication and analysis of the multi-coupling bionic wear-resistant material.

Journal of Bionic Engineering, 2010, 7: S24-S29.

[11] 丛茜, 金敬福, 张宏涛, 任露泉. 仿生非光滑表面在混合润滑状态下的摩擦性能. 吉林大学学报(工学版), 2006, 36(3): 363-366.

[12] 陈坤, 刘庆平, 廖庚华, 杨莹, 任露泉, 韩志武. 利用雕鸮羽毛的气动特性降低小型轴流风机的气动特性. 吉林大学学报(工学版), 2012, 42(1): 79-84.

[13] 高峰, 任露泉, 黄河, 于亚莉. 沙漠蜥蜴体表抗冲蚀磨损的生物耦合特性. 农业机械学报, 2009, 40(1): 180-183.

[14] 张广平, 戴干策. 复合材料蜂窝夹芯板及其应用. 纤维复合材料, 2000, 17(2): 25-27.

[15] 温变英. 自然界中的梯度材料及其仿生研究. 材料导报, 2008, 22: 351-356.

[16] Kalpana S K, Dinesh R K, Bedabibhas M. Biomimetic Lessons Learnt from Nacre. Vienna, Austria: InTech, 2010.

[17] Dubey D K, Vikas T. Role of molecular level interfacial forces in hard biomaterial mechanics: a review. Annals of Biomedical Engineering, 2010, 38(6): 2040-2055.

[18] 高志, 殷勇辉, 章兰珠. 机械原理. 第 2 版. 上海: 华东理工大学出版社, 2015.

[19] 张春林. 机械创新设计. 第 2 版. 北京: 机械工业出版社, 2010.

[20] Choi B K, Kang D, Lee T, Jamjoom A A, Abulkhair M F. Parameterized activity cycle diagram and its application. ACM T Model Comput S, 2013, 23: 1-18.

[21] 邹慧君, 张青. 计算机辅助机械产品概念设计中几个关键问题. 上海交通大学学报, 2005, 7: 1145-1149, 1154.

[22] 王宏, 姬彦巧, 赵长宽, 李琪. 基于肌肉电信号控制的假肢用机械手的设计. 东北大学学报, 2006, 9: 1018-1021.

[23] 刘洪山. 手创伤康复机械手结构设计与分析. 哈尔滨: 哈尔滨工业大学硕士学位论文, 2007.

[24] Lang L, Wang J, Rao J H, Ma H X, Wei Q. Dynamic stability analysis of a trotting quadruped robot based on switching control. Int J Adv Robot Syst, 2015, 12: 1.

[25] 王刚. 多足仿生机械蟹步态仿真及样机研制. 哈尔滨: 哈尔滨工程大学硕士学位论文, 2008.

[26] 戴建生. 机构学与机器人学的几何基础与旋量代数. 北京: 高等教育出版社, 2014.

[27] 李瑞琴, 郭为忠. 现代机构学理论与应用研究进展. 北京: 高等教育出版社, 2014.

[28] 倪风雷, 刘业超, 黄剑斌. 具有谐波减速器柔性关节摩擦力辨识及控制. 机械与电子, 2012, 4: 71-74.

[29] 张奇, 刘振, 谢宗武, 杨海涛, 刘宏, 蔡鹤皋. 具有谐波减速器的柔性关节参数辨识. 机器人, 2014, 2: 164-170.

[30] 钱志辉, 苗怀彬, 任雷, 任露泉. 基于多种步态的德国牧羊犬下肢关节角. 吉林大学学报(工学版), 2015, 4: 1857-1862.

[31] 王扬威. 仿生墨鱼机器人及其关键技术研究. 哈尔滨: 哈尔滨工业大学博士学位论文, 2011.

[32] Vincent J F V. Deployable structures in nature//Pellegrino S. Deployable Structures. Laurence King Publishing, 2001: 37-50.

[33] 朱宝. 扑翼飞行机理和仿生扑翼机构的研究. 南京: 南京航空航天大学硕士学位论文, 2010.

[34] 崔祚, 姜洪洲, 何景峰, 佟志忠. BCF 仿生鱼游动机理的研究进展及关键技术分析. 机械工程学报, 2015, 51: 177-184, 195.

[35] Sfakiotaki S M, Lane D M. Review of fish swimming modes for aquatic locomotion. IEEE J Oceanic Eng, 1999, 24: 237-252.

[36] 闻邦椿. 机械设计手册. 第 7 卷. 北京: 机械工业出版社, 2017.